W0193836

Karl Grün

Der Geschäftsbrief

**Gestaltung von Schriftstücken
nach DIN 5008, DIN 5009, DIN 676 u. a.**

3. Auflage

Herausgeber:
DIN Deutsches Institut für Normung e.V.

Beuth Verlag GmbH · Berlin · Wien · Zürich

Herausgeber: DIN Deutsches Institut für Normung e.V.

© **2005 Beuth Verlag GmbH**
Berlin · Wien · Zürich
Burggrafenstraße 6
10787 Berlin

Telefon: +49 30 2601-0
Telefax: +49 30 2601-1260
Internet: www.beuth.de
E-Mail: info@beuth.de

Satz: B&B Fachübersetzer GmbH
Druck: Mercedes-Druck
Gedruckt auf säurefreiem, alterungsbeständigem Papier nach DIN 6738

ISBN 3-410-15872-3

Vorwort

Obwohl der erste Eindruck oft falsch sein mag, ist er doch der wichtigste. Denn er ist es, der am längsten in Erinnerung bleibt, und er prägt langfristig die Einstellung gegenüber einer Person oder einer Sache.

Das gilt ganz besonders für Schriftstücke und Briefe: Eine falsche Anrede, eine ungeschickte Aufmachung – und schon kann der Grundstein dafür gelegt sein, dass eine Geschäftsbeziehung – kaum dass sie angebahnt wird – auch schon wieder scheitert.

Nicht ohne Grund bezeichnet man den Geschäftsbrief und die dazugehörigen Schriftstücke als die „Visitenkarte" eines Unternehmens. Und das sind sie wohl auch. Grund genug also, auf ihre Gestaltung und ihre korrekte Aufmachung dementsprechend Wert zu legen.

Aber wie? Was sollte man dabei beachten? Wo liegen die Fallstricke? Worauf kommt es an? Antwort auf diese Fragen gibt das vorliegende Buch. Es ist der Leitfaden für die richtige und allgemein akzeptierte Gestaltung von Schriftstücken – speziell für den Geschäftsbereich. Das Handbuch geht nicht nur auf die äußere Gestaltung (Layout) ein, sondern auch auf inhaltliche Elemente, wie etwa die richtige Schreibweise von Adresse, Datum oder Währungen und – besonders wichtig – die richtige Abkürzung von Titeln sowie die Gestaltung der Anrede.

Auch das Umfeld eines Geschäftsbriefes wird mit diesem Handbuch abgedeckt: Da viele Briefe über Diktiergerät oder Spracherkennungssysteme verfasst werden, wurden auch die entsprechenden Richtlinien für das Phonodiktat und die Korrekturzeichen aufgenommen. Werden sie beachtet, erspart man sich nicht nur überflüssige Rückfragen und mehrfache Korrekturen, sondern vereinfacht damit auch die Bürokommunikation.

Grundlage dieses Buches sind verschiedene vom DIN Deutsches Institut für Normung e.V. herausgegebene Normen. Viele von ihnen gelten nicht nur in Deutschland, sondern werden europaweit und sogar weltweit angewendet. Internationale Empfehlungen sollen sicherstellen, dass die briefliche Kommunikation zwischen Geschäftspartnern in unterschiedlichen Ländern eindeutig und reibungslos funktioniert und nicht durch Missverständnisse und Formfehler getrübt wird.

Aus der Vielzahl von Normen wurden für dieses Buch bausteinartig jene Teile ausgewählt, die in der täglichen Korrespondenz am häufigsten benötigt werden. Es kann und soll somit nicht die diesbezüglichen Normen ersetzen, sondern einen Leitfaden für die Praxis bieten und in Zweifelsfällen rasch und übersichtlich Klarheit schaffen.

Selbstverständlich wird im vorliegenden Buch auf die elektronische Textverarbeitung im Schriftverkehr, wie sie inzwischen in fast allen Unternehmen und Dienststellen üblich ist, eingegangen. Damit wird eine moderne und zeitgemäße Umsetzung der vorhandenen Grundregeln, die zumeist noch aus dem „Maschinenschreib-Zeitalter" stammen, gewährleistet. Deshalb wurden neben den Zeilenschaltungen auch das entsprechende Maß in typographischen Punkten (p) und neben den Tabulatorpositionen das entsprechende Maß in Millimetern (mm) angegeben. Absätze, die sich speziell auf die elektronische Textverarbeitung beziehen, sind durch kursive Schrift hervorgehoben, da sie teilweise nicht in DIN 5008 geregelt sind.

Umfangreiche Beispiele erläutern zusätzlich den Text. Wird ein und derselbe Sachverhalt verschieden dargestellt, so bedeutet dies, dass es mehr als eine (normgerechte) Lösungsmöglichkeit gibt.

Nicht geregelt wird allerdings die „Sprache" bzw. Formulierung des Textes von Geschäftsbriefen. Dies ist nicht Aufgabe der Normung, sondern fällt in den Bereich der Unternehmenskultur, der Corporate Culture (CC) und des Corporate Behaviour (CB), den jedes Unternehmen für sich abklären muss.

Raum für Notizen am Ende jedes Abschnittes und ein umfangreiches Stichwortverzeichnis erleichtern den Umgang mit diesem Handbuch und machen es so zu einem wichtigen Instrument, das bei der Bewältigung des täglichen Schriftverkehrs hilfreich zur Seite steht.

Die zweite Auflage wurde gegenüber der vorherigen vollständig überarbeitet und an die Neuausgabe der DIN 5008 angepasst. Insbesondere wurde die Gestaltung von E-Mails aufgenommen, ebenso die Vereinfachung und Aktualisierung der Zahlengliederung, insbesondere bei Telefonnummern, und die Gestaltungsgrundsätze für Tabellen.

Die vorliegende (dritte) Auflage wurde gegenüber der vorherigen an die Änderung A1 der DIN 5008 angepasst, wo wegen eines Änderungsantrages der Deutschen Post AG die Leerzeile in der Anschrift weggefallen ist.

Dipl.-Ing. Dr. Karl Grün

Inhaltsverzeichnis

4

1 Beschriftung von Briefblättern

1.1 Allgemeines

Die Verwendung genormter Vordrucke wird vorausgesetzt. Für andere Formate, einen anderen Aufdruck und Blätter ohne Aufdruck sind die folgenden Abschnitte sinngemäß anzuwenden.

1.2 Schriftarten, -größen und -stile

Bei der Gestaltung von Schriftstücken ist auf gute Lesbarkeit sowie Kopierbarkeit, Mikroverfilmbarkeit oder die Möglichkeit der Übermittlung durch Telefax zu achten.

Deswegen sind in fortlaufendem Text zu kleine Schriftgrößen (in der Regel 10 p $\approx$ 3,75 mm), ausgefallene Schriftarten (z. B. Schreibschrift) und Schriftstile (z. B. Kapitälchen) zu vermeiden.

Die maximale Schriftgröße in fortlaufendem Text sollte eine 12-p-Schrift sein, sofern nichts anderes angegeben wird.[1]

1.3 Zeilenabstand

Es wird mit Zeilenabstand 1 (einzeilig) geschrieben. Schriftstücke besonderer Art (Berichte, Gutachten u. Ä.) dürfen mit größerem Zeilenabstand geschrieben werden.

Der Zeilenabstand (Abstand der Grundlinien, Zeilenschritt) sollte 130 % der Schrifthöhe nicht unterschreiten. So ist bei einer 10-p-Schrift ein Zeilenabstand von 13 p vorzusehen.

Bei manchen Textverarbeitungsprogrammen kann in der Formatvorlage neben dem Zeilenabstand innerhalb eines Absatzes auch der Abstand zum vorherigen und folgenden Absatz eingestellt werden. Abstände zwischen Absätzen sollten ungefähr den halben Zeilenabstand betragen. Bei einer 10-p-Schrift ist der Abstand zwischen einem Absatz und dem folgenden bzw. vorhergehenden somit 6 p.

1.4 Papierformate

Das für den täglichen Einsatz am häufigsten verwendete Format für Schreibpapier ist A4. Durch Verdoppelung parallel zur Länge lässt sich dieses Format auf A3 vergrößern bzw. durch Halbierung parallel zur Breite auf A5 verkleinern. Die

---

[1] 1 typographischer Punkt (Didot-System) entspricht 0,376 mm (etwa 3/8 mm).

Formate für Schreibpapier (A-Reihe) sind in DIN EN ISO 216 festgelegt, siehe Tabelle 1.

Tabelle 1 – Formate von Schreibpapier (Maßangaben in mm)

Benennung	Anmerkung	Länge	Breite
A6	Postkarte	105^1	148^1
A5	halber Briefbogen	148^1	210^2
A4	Briefbogen	210^2	297^2
A3	doppelter Briefbogen	297^2	420^2

[1] Eine Abweichung von ± 1,5 mm ist zulässig.
[2] Eine Abweichung von ± 2,0 mm ist zulässig.

1.5 Absenderangabe

Für Vordrucke ist die Position der Absenderangabe (Postanschrift des Absenders) in DIN 676 geregelt. Ist die Absenderangabe in einem eventuell vorgedruckten Briefkopf nicht enthalten, so ist diese an geeigneter Stelle anzuführen.

Geeignete Stellen für die Eintragung der Absenderangabe sind:

a) im Briefkopf, siehe Bild 1, in der fünften Zeile bzw. 16,9 mm von der oberen Blattkante beginnend, wobei bei der Gesamthöhe der Absenderangabe die Position des Schriftfeldes zu berücksichtigen ist, oder

b) bei Verwendung von Fensterbriefhüllen in der Zeile über dem Anschriftfeld, siehe Bild 2. Es wird empfohlen, dieses Feld gegenüber dem unmittelbar anschließenden Anschriftfeld durch eine feine Linie oder farblich abzugrenzen. Als Schriftgröße wird 6 p (2,25 mm) empfohlen.

Die Absenderangabe ist wie die Empfängeranschrift zu schreiben, siehe 1.6, jedoch ohne „Herrn", „Frau" und dergleichen. Sie kann bei Bedarf auch die Berufsbezeichnung und weitere Angaben enthalten.

Kommunikationsangaben (z. B. Telefon, Mobil, Telefax, E-Mail) dürfen in der Absenderangabe ergänzt werden oder stehen in einem Informationsblock (siehe 1.7).

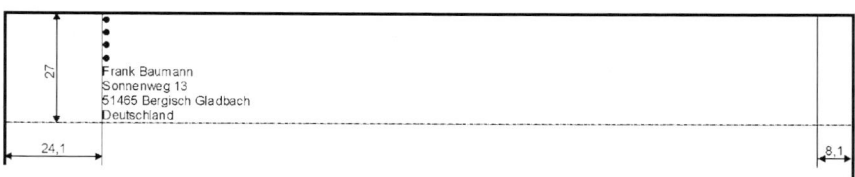

Bild 1 – Absenderangabe im Briefkopf gemäß DIN 5008, alle Maße in mm

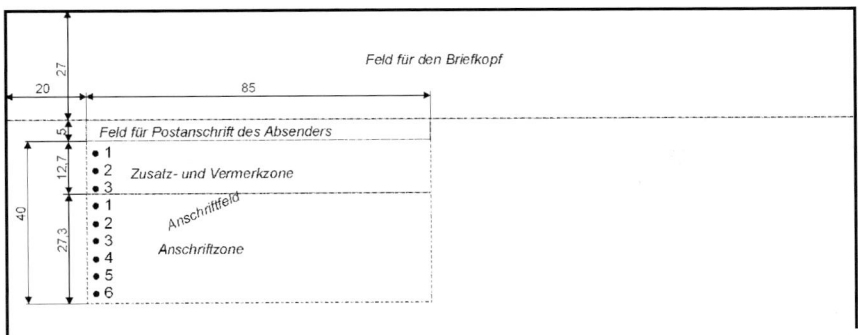

Bild 2 – Absenderangabe als Zeile über dem Anschriftfeld für Vordrucke der Form A gemäß DIN 676, alle Maße in mm

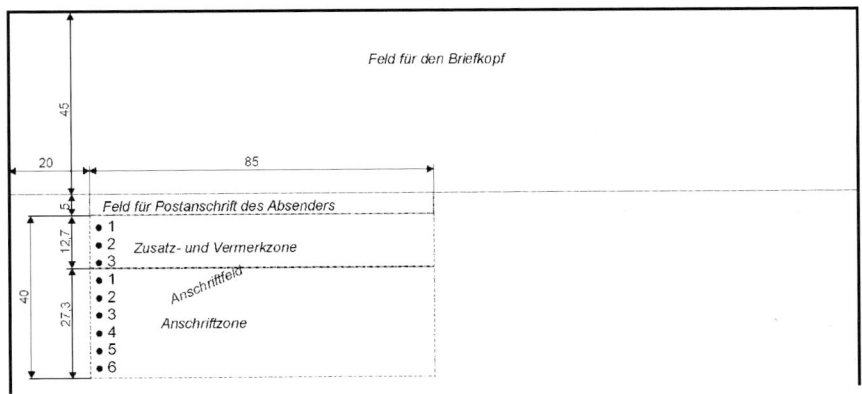

Bild 3 – Absenderangabe als Zeile über dem Anschriftfeld für Vordrucke der Form B gemäß DIN 676, alle Maße in mm

1.6 Anschriftfeld

Anschriften werden im Anschriftfeld aller Schriftstücke (siehe Anschriftfeld in Bild 2 und Bild 3) und auf Briefhüllen in gleicher Anordnung geschrieben. Inhalt des Anschriftfeldes ist die Aufschrift, deren Bestandteile Zusätze und Vermerke (Vorausverfügungen, wie z. B. „Nicht nachsenden!", Produkte, wie z. B. „Einschreiben", und elektronische Freimachungsvermerke) sowie die Anschrift des Empfängers sind.

In der Zusatz- und Vermerkzone stehen drei Zeilen, in der Anschriftzone sechs Zeilen zur Verfügung. Sofern ein elektronisches Frankierverfahren mehr als drei Zeilen Platz in der Zusatz- und Vermerkzone benötigt, ist die Anschriftzone entsprechend zu verkleinern. Werden alle sechs Zeilen in der Anschriftzone benötigt, ist in diesem Fall die Schriftgröße zu reduzieren, wobei eine Schriftgröße von

8 p nicht unterschritten werden darf. Bei Schriftgrößen kleiner 10 p sind serifen-
lose Schriften wie Arial und Helvetica zu verwenden.

Die einzelnen Bestandteile der Aufschrift enthalten keine Leerzeilen. Die Zusatz-
und Vermerkzone ist so zu beschriften, dass keine Leerzeile zwischen ihr und der
Anschriftzone entsteht.

Satzzeichen innerhalb einer Anschrift werden geschrieben, jedoch nicht am Zeilenende. Ortsnamen werden nicht hervorgehoben (z. B. H a m b u r g), ausgenommen hiervon sind Auslandsanschriften (siehe 1.6.2). In der Zusatz- und Vermerkzone dürfen Satzzeichen am Zeilenende stehen.

1.6.1 Inlandsanschriften

Zur Aufschrift gehören:

– Zusätze und Vermerke und

– die Anschrift.

Die Angaben im Anschriftfeld werden auf folgende Weise gegliedert:

a) Zusätze und Vermerke

b) Empfängerbezeichnung

c) Postfach mit Nummer (Abholangabe) oder
Straße und Hausnummer (Zustellangabe)

d) Postleitzahl und Bestimmungsort

Die Postfachnummer wird von rechts beginnend zweistellig gegliedert, z. B.
1 23,30 14,42 31 86.

Die Postleitzahl ist fünfstellig und wird ohne Leerzeichen geschrieben.

Im Hinblick auf die Vereinheitlichung der Adressdateien wird empfohlen, die Anschrift des Empfängers auf sechs Zeilen zu beschränken.

Auf Leerzeilen innerhalb des Anschriftfeldes ist zu verzichten, um die nationalen
und internationalen Aufschriften zu vereinheitlichen (europäisch und international
wird keine Leerzeile in der Anschrift verwendet). Weiterhin soll aufgrund einer
verbesserten Anschrifterkennung eine höhere Quote maschinell bearbeiteter
Briefsendungen erreicht werden.

Die folgenden angeführten Vorausverfügungen und Produktbezeichnungen sind
exemplarisch und richten sich nach dem jeweiligen Postdienstleister. Die Ziffern
vor dem Zeilenanfang zeigen die jeweilige Position in der Zusatz- und Vermerkzone bzw. in der Anschriftzone an.

1 2 3 Postzustellungsauftrag 1 Herrn Direktor 2 Dipl.-Kfm. Kurt Gräser 3 Massivbau AG 4 Postfach 10 11 81 5 42011 Wuppertal 6	Briefsendung Empfängerbezeichnung Postfach Postleitzahl und Bestimmungsort
1 2 3 Büchersendung 1 Eheleute 2 Erika und Hans Müller 3 Hochstraße 4 a 4 59192 Bergkamen 5 6	Briefähnliche Sendung Empfängerbezeichnung Straße und Hausnummer Postleitzahl und Bestimmungsort

In die Zone für Zusätze und Vermerke dürfen auch Ordnungsbezeichnungen des Absenders aufgenommen werden.

1 25672/cq/rq 84/734 2 Nicht nachsenden! 3 Einschreiben 1 Herrn 2 Dipl.-Landw. Otto Winter 3 Hauptstraße 3 B 4 83364 Neukirchen 5 6	Ordnungsbezeichnung des Absenders Vorausverfügung Produkt Empfängerbezeichnung Straße und Hausnummer Postleitzahl und Bestimmungsort

Bei Großempfängeranschriften sollten weder Postfach noch Straße und Hausnummer angegeben werden.

1 2 Einschreiben 3 Persönlich/Vertraulich 1 Herrn 2 Prof. Dr. Ernst Schneider 3 Technische Universität 4 Fakultät Elektrotechnik 5 01062 Dresden 6	Produkt Empfängerbezeichnung Postleitzahl und Bestimmungsort

Ortsteilnamen dürfen in einer besonderen Zeile oberhalb der Zustell- oder Abholangabe ohne Postleitzahl vermerkt werden, nicht aber als Zusatz zum Bestimmungsort.

1	
2	
3	
1 Eva Pfleiderer e. Kffr.	Empfängerbezeichnung
2 Braunenweiler	Ortsteilname
3 Hauptstraße 5	Straße und Hausnummer
4 88348 Saulgau	Postleitzahl und Bestimmungsort
5	
6	

Bei der Zustellangabe dürfen zusätzlich der Gebäudeteil, das Stockwerk oder die
Wohnungsnummer, abgetrennt durch zwei Schrägstriche, angegeben werden.
Vor und nach den zwei Schrägstrichen ist jeweils ein Leerzeichen zu setzen.

1	
2	
3 Einschreiben-Einwurf	Zusatzleistung
1 Herrn Rechtsanwalt	Empfängerbezeichnung
2 Dr. Otto Freiherr von Berg	
3 Parkweg 22 // W 54	Straße, Hausnummer und Wohnungsnummer
4 12683 Berlin	Postleitzahl und Bestimmungsort
5	
6	

1.6.2 Auslandsanschriften

Auslandsanschriften müssen in lateinischer Schrift und arabischen Ziffern, Bestimmungsort und Bestimmungsland mit Großbuchstaben geschrieben werden.
Die Anordnung der Bestandteile der Anschrift und deren Schreibung sind – wenn
möglich – der Absenderangabe des Partners zu entnehmen.

Der Bestimmungsort ist nach Möglichkeit in der Sprache des Bestimmungslandes
anzugeben, z. B. BRUXELLES statt Brüssel, LIEGE statt Lüttich, FIRENZE statt
Florenz, BUCURESTI statt Bukarest oder THESSALONIKI statt Saloniki.

Die Angabe des Bestimmungslandes steht in deutscher Sprache in der letzten
Zeile der Anschrift. Gemäß Empfehlung der Deutschen Post AG ist auf ein Länderkennzeichen (siehe Tabelle B.2) vor der Postleitzahl zu verzichten.

1 2 3 1 Mevrouw J. de Vries 2 Poste restante A. Cuypstraat 3 Postbus 99730 4 1000 NA AMSTERDAM 5 NIEDERLANDE 6	1 2 3 1 Guiseppe Bertoni 2 Via Italia 212 3 20100 MILANO 4 ITALIEN 5 6
1 2 3 1 Casio Computer Co., Ltd. 2 6-1, Nishi-Shinjuku 2-chome 3 Shinjuku-ku 4 TOKYO 163-02 5 JAPAN 6	1 2 3 1 National Electrical 2 Manufacturers Association 3 1300 North 17th Street 4 ROSSLYN, VA 22209 5 USA 6

1.6.3 Empfängerbezeichnungen

Empfängerbezeichnungen werden sinngemäß in Zeilen aufgeteilt.

Berufs- oder Amtsbezeichnungen werden neben „Frau" oder „Herrn" geschrieben.

Abgeordneter zum Bundestag	Medizinalrat
Bundesminister	Ministerialrat
Bundespräsident	Oberlandesgerichtsrat
Bürgermeister	Primarius
Direktor	Präsident
Dozent	Rechtsanwalt
Gemeinderat	Regierungsrat
Generaldirektor	Sektionschef
Landesrat	Staatssekretär
Magistratsdirektor	Vorstandsvorsitzender

Akademische Grade (z. B. Dr., Dipl.-Ing.) stehen unmittelbar vor dem Namen. Da es bei „Professor" nicht erkennbar ist, ob es sich um eine Amtsbezeichnung oder einen akademischen Grad handelt, sollte „Prof." unmittelbar vor dem Namen stehen.

1 2 3 1 Frau 2 Prof. Dr. Marion Ronner 3 An der Großen Eiche 5 4 46535 Dortmund 5 6	1 2 3 1 Herrn 2 Dr. Alfred Kern 3 Vogelsangstraße 15 4 27755 Delmenhorst 5 6
1 2 3 Eigenhändig 1 Herrn Rechtsanwalt 2 Dr. Bernd Kreuter 3 Im Hasentanz 27 4 70734 Fellbach 5 6	1 2 3 Wenn unzustellbar, zurück! 1 Frau Studienrätin 2 Dagmar Müller 3 An der Großen Eiche 5 4 46535 Dortmund 5 6

Bei Untermietern muss der Name des Wohnungsinhabers unter den Namen des Empfängers mit dem Zusatz „bei" geschrieben werden.

1 2 3 1 Frau Gertraude Haasse 2 bei Walter Müller 3 Hauptstraße 10 4 88348 Saulgau 5 6	Name des Empfängers (Untermieter) Name des Wohnungsinhabers Straße und Hausnummer Postleitzahl und Bestimmungsort

Einzelunternehmen erhalten den Zusatz e. K. (eingetragene Kauffrau, eingetragener Kaufmann) bzw. e. Kffr. oder e. Kfm. (eingetragene Kauffrau, eingetragener Kaufmann).

In Firmenanschriften wird das Wort „Firma" weggelassen, wenn aus der Empfängerbezeichnung erkennbar ist, dass es sich nicht um eine natürliche Person handelt.

1 2 3 1 Eva Pfleiderer e. Kffr. 2 Braunenweiler 3 Hauptstraße 5 4 88348 Saulgau 5 6	1 2 3 1 Wäschegroßhandel 2 Robert Bergmann e. K. 3 Venloer Straße 80 - 82 4 50672 Köln 5 6
1 2 3 1 Lack- und Farbwerke 2 Dr. Hans Sendler & Co. 3 Abt. DMF 412/16 4 Postfach 90 08 80 5 60448 Frankfurt 6	1 2 3 1 Lehmann & Krause KG 2 Herrn E. Winkelmann 3 Johannisberger Str. 5/7 4 14197 Berlin 5 6

1.6.4 Weitere Musteranschriften

1 2 3 1 Frau 2 Annemarie Hartmann 3 Vogelsangstr. 17 4 27755 Delmenhorst 5 6	1 2 3 Nicht nachsenden! 1 Frau Luise Weber 2 Herrn Max Lieber 3 Rosenstraße 35 4 71034 Böblingen 5 6
1 2 3 1 Landesbeauftragten 2 für den Datenschutz 3 Brandenburg 4 Stahnsdorfer Damm 77 5 14532 Kleinmachnow 6	1 2 3 1 Solarstudio 2 Sonnenschein GmbH 3 Postfach 29 81 4 65019 Wiesbaden 5 6

1.7 Bezugszeichen

1.7.1 Vorgedruckte Bezugszeichenzeile

Die Leitwörter „Ihr Zeichen, Ihre Nachricht vom" (oder „Ihre Nachricht" u. a.), „Unser Zeichen, unsere Nachricht vom", „Telefon, Name" und „Datum" sind ungekürzt und in der angegebenen Reihenfolge so zu setzen, dass ihre Oberkante mindestens 8,5 mm *(etwa 23 p)* unterhalb des Anschriftfeldes steht und die zugehörigen Angaben schreibzeilengerecht darunter geschrieben werden können.

Nicht benötigte Leitwörter können entfallen.

Das Leitwort „Ihr Zeichen, Ihre Nachricht vom" ist 24,1 mm *(64 p)* von der linken Blattkante einzudrucken; die nachfolgenden Leitwörter folgen im Allgemeinen im Raster von 50,8 mm (2-mal 10er Tab bzw. *135 p*).

Statt des Leitwortes „Telefon" kann ein Symbol verwendet werden.

Als Mindestschriftgrad für Leitwörter wird 6 p empfohlen.

Bezugszeichen, Name, Durchwahlmöglichkeiten und Datum (Ausfertigungsdatum des Briefes) werden eine Zeile unter die vorgedruckten Leitwörter der Bezugszeichenzeile geschrieben, falls erforderlich in zwei Zeilen. Das erste Schriftzeichen für die zugehörige Angabe steht unter dem Anfangsbuchstaben des jeweils ersten Leitwortes. Mehrere Bezugsangaben zu einem Leitwort dürfen durch ein Komma getrennt werden.

Leitwörter dürfen im Briefblatt ergänzt, weggelassen oder verändert werden (z. B. Steuernummer, Aktenzeichen, Zimmer, Bearbeiter).

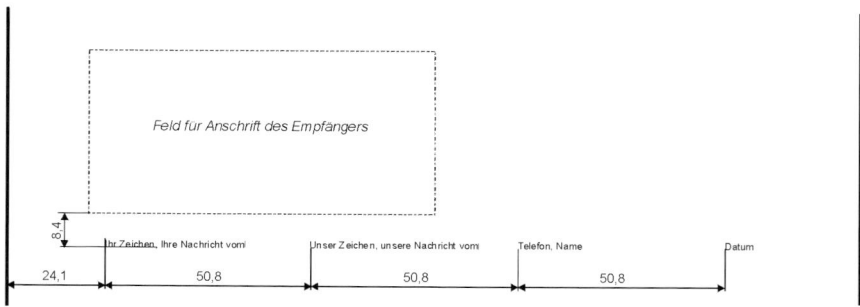

Bild 4 – Position der Leitwörter in einer Bezugszeichenzeile, alle Maße in mm

Ihr Zeichen, Ihre Nachricht vom s-a 2001-09-03	Unser Zeichen, unsere Nachricht vom re-pl 2001-09-11	Telefon, Name 0201 144- 1234 Frau Regensburg	Datum 2001-09-10
Ihr Zeichen, Ihre Nachricht vom	Unser Zeichen, unsere Nachricht vom gh-el	Telefon, Name 0221 173- 250 Herr Gerhard	Datum 01-09-15
Ihre Nachricht	Unser Zeichen fr-ba	Tel., Name 2245-38 Franke	Datum 2001-09-14

Bild 5 – Beispiele für Bezugszeichenzeilen

1.7.2 Kommunikationszeile

Sind neben dem „Telefon" (Tel.) weitere direkte Kommunikationsmöglichkeiten vorhanden, werden diese Angaben in der Kommunikationszeile zusammengefasst. Die Leitwörter „Telefax" (Fax) und „E-Mail" der Kommunikationszeile sind so rechts neben dem Anschriftfeld zu setzen, dass die zugehörigen Angaben schreibzeilengerecht in Höhe der letzten Zeile des Anschriftfeldes geschrieben werden können. Die Kommunikationszeile beginnt 125,7 mm (50er Tab) von der linken Blattkante.

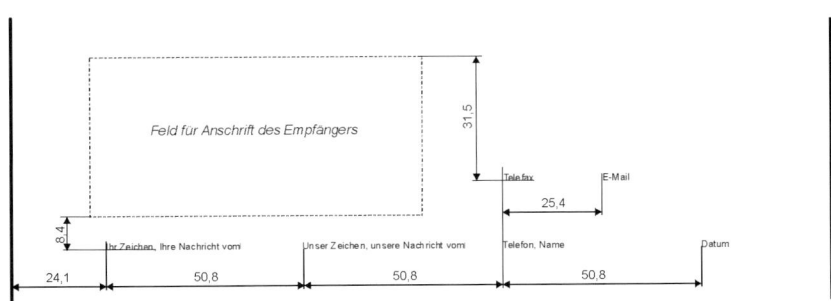

Bild 6 – Position der Leitwörter in einer Kommunikationszeile, alle Maße in mm

1.7.3 Informationsblock

Sofern keine vorgedruckten Leitwörter im Briefblatt vorgesehen sind oder mehr als zwei Angaben in der Kommunikationszeile erforderlich sind, dürfen diese Angaben alternativ in einem Informationsblock rechts neben dem Feld für die Anschrift des Empfängers, beginnend in der Höhe der ersten Zeile des Anschriftfeldes, geschrieben werden. Bei den Leitwörtern „Ihr Zeichen", „Ihre Nachricht vom", „Unser Zeichen", „Unsere Nachricht vom", „Name", „Telefon", „Telefax", „E-Mail" und „Datum" ist die angegebene Reihenfolge einzuhalten. Zwischen den Bezugszeichen und dem Leitwort „Name" sowie den Durchwahlmöglichkeiten und dem Leitwort „Datum" ist je eine Leerzeile erforderlich.

15

Der Informationsblock beginnt in der ersten Zeile des Anschriftfeldes 125,7 mm (50er Tab) von der linken Blattkante.

Der Informationsblock darf auch für das Briefblatt A4 ohne Aufdruck verwendet werden.

```
1   Ihr Zeichen: mü-h
2   Ihre Nachricht vom: 2001-01-14
3   Unser Zeichen: fi-ji
4   Unsere Nachricht vom: 2000-12-20
5
6   Name: Herr Andrea Bunetti
7   Telefon: 0221 179-4240
8   Mobil: 0171 1234567
9   Telefax: 0221 179-4244
10  E-Mail: andrea.bunetti@bergmann.de
11
12  Datum: 2001-01-14
```

```
1   Ihr Zeichen:
2   Ihre Nachricht vom:      2001-07-04
3   Unser Zeichen:           IV 1 – 24 00
4   Unsere Nachricht vom:
5
6   Name:                    Jens Meier
7   Zimmer:                  345
8   Telefon:                 0221 199-4711
9   Telefax:                 0221 456-4700
10
11  Datum:                   2001-07-17
```

```
1   Ihr Zeichen:
2   Ihre Nachricht vom: 2001-01-27
3
4   Geschäftszeichen: II A 122 – 5488/02
5   Bei Schriftwechsel und Rückfragen bitte stets angeben!
6
7   Bearbeiter: Peter Grimmel
8   Telefon: 040 2973-2040
9   Telefax: 040 2973-2000
10  E-Mail: HA122@stadt-hamburg.de
11
12  Datum: 2001-02-05
```

```
1  Ihr Zeichen: RE 2345
2  Ihre Nachricht vom: 2001-10-03
3
4  Telefon: 030 734566
5  Telefax: 030 734567
6  E-Mail: eva.baumann@t-online.de
7  Internet: www.eva-baumann.de
8
9  Datum: 2001-10-12
```

1.8   Betreff

Der Betreff ist eine stichwortartige Inhaltsangabe, welche sich im Gegensatz zum Teilbetreff (siehe 2.2.2) auf den ganzen Brief bezieht.

Der Wortlaut des Betreffs ist nach zwei Leerzeilen *(260 % des Schriftgrades)* nach den Bezugszeichen oder dem Informationsblock zu schreiben. Er wird ohne Schlusspunkt geschrieben und beginnt an der Fluchtlinie (24,1 mm von der linken Blattkante). Bei längerem Text kann der Betreff sinngemäß auf mehrere Zeilen verteilt werden. Die Betreffangabe kann hervorgehoben werden.

Nach dem Wortlaut des Betreffs sind zwei Leerzeilen vorzusehen *(Abstand zum nächsten Absatz 260 % des Schriftgrades)*.

Unser Angebot über Hard- und Software

Darlehensverwaltung und -einzug nach dem Bundesausbildungsförderungsgesetz (BAföG)
Freistellung von der Rückzahlungsverpflichtung nach § 18 a BAföG

1.9   Anrede

Die Anrede beginnt an der Fluchtlinie (24,1 mm von der linken Blattkante) und wird durch eine Leerzeile *(Abstand zum nachfolgenden Text 65 % des Schriftgrades)* vom folgenden Text getrennt. Ist der Empfänger namentlich bekannt, sollte die Anrede aus Gründen der Höflichkeit Titel und Namen enthalten. Die Anrede schließt mit Komma.

Bei Schreiben an Behörden und Ämter kann man Anreden wie „Sehr geehrte Damen und Herren" verwenden. Wenn ein bestimmter Herr oder eine bestimmte Frau in der Anschrift genannt wird, sollte die Anrede mit dem Amtstitel erfolgen.

Ist der Empfänger weiblichen Geschlechts, so ist in der Anrede nach Verwendung von „Frau" nur dort die weibliche Form des Titels, des Grades oder der Funktionsbezeichnung zu schreiben, wo diese auch allgemein anerkannt ist.

Bezieht sich die Anrede auf eine Personengruppe, so stehen mehrere Möglich-keiten zur Verfügung:

a) „Sehr geehrte Kolleginnen und Kollegen,"

b) „Sehr geehrte Frau Kollegin,
   sehr geehrter Herr Kollege,"

1.10 Text

Der Zeilenanfang wird durch die Fluchtlinie festgelegt, die 24,1 mm von der linken Blattkante parallel zu dieser verläuft (Raum für Lochung). Zwischen Zeilenende und rechter Blattkante sollte ein Mindestabstand von 8,1 mm eingehalten werden.

Bei zweiseitiger Beschriftung sollte das Zeilenende auf der Rückseite bei 24,1 mm, gemessen von der rechten (inneren) Blattkante, enden. Der Zeilenan-fang soll in diesem Fall bei mindestens 8,1 mm, von der linken (äußeren) Blatt-kante gemessen, liegen.

Die Beschriftung beginnt nach mindestens fünf Leerzeilen vom oberen Blattrand (mindestens 30 mm, 80 p) und endet mindestens vier Leerzeilen vor dem unteren Blattrand (mindestens 30 mm, 80 p).

Hat das Fortsetzungsblatt am Blattbeginn und/oder am Blattende einen Vordruck, so sind die Grenzen des Textfeldes entsprechend zu reduzieren.

Für die Gestaltung der Textelemente siehe Abschnitt 2.

1.11 Seitennummerierung

Die Seiten eines Briefes sind von der zweiten Seite an oben fortlaufend zu num-merieren.

Auf Blättern ohne Aufdruck sollte die Seitennummerierung (Paginierung), übli-cherweise aus Mittestrich, Leerzeichen, Seitennummer (Pagina), Leerzeichen und Mittestrich bestehend, auf der fünften Zeile bei 100,3 mm von der linken Blattkante bzw. Grad 40 (48) beginnen oder zentriert gesetzt werden.

Am Fuß der beschrifteten Seite darf am rechten Rand durch drei Punkte „..." auf eine Folgeseite hingewiesen werden. Der Abstand zwischen Textende und den drei Punkten beträgt mindestens eine Leerzeile *(65 % des Schriftgrades)*.

Bei Textverarbeitungsprogrammen ist es zulässig, die Seiten mit „Seite ... von ..." *zu kennzeichnen, beginnend bei Seite 1, und diese Kennzeichnung bevorzugt am* *rechten Rand enden zu lassen. Dann entfällt der Hinweis auf Folgeseiten (siehe* *3.2.12).*

– 2 –
Seite 2 von 5

Seitenkennzeichnung und Text werden durch mindestens eine Leerzeile getrennt.

Bei einseitiger Beschriftung steht die Seitennummer vorzugsweise rechts, bei zweiseitiger Beschriftung entweder in der Seitenmitte oder rechts bei den ungeraden und links bei den geraden Seiten.

1.12 Unterschriftenblock

Der Unterschriftenblock enthält:

- Grußformel (z. B. „Mit freundlichen Grüßen", „Mit freundlichem Gruß", „Freundliche Grüße")

- gegebenenfalls Bezeichnung des Unternehmens bzw. der Behörde

- gegebenenfalls Zusätze (z. B. i. A., i. V., ppa.)

- handschriftliche Unterschrift(en)

- gegebenenfalls maschinenschriftliche Angaben zum (zu den) Unterzeichnenden

Der Gruß wird vom Text durch eine Leerzeile abgesetzt *(Abstand zum vorherigen Absatz 65 % des Schriftgrades)* und beginnt 24,1 mm von der linken Blattkante.

Wird die Bezeichnung der Firma bzw. der Behörde geschrieben, so beginnt diese mit einer Leerzeile *(Abstand zum vorherigen Absatz 65 % des Schriftgrades)* vom Gruß abgesetzt. Die Bezeichnung sollte bei Bedarf auf mehrere Zeilen verteilt werden.

Die maschinenschriftliche Namenswiedergabe des Unterzeichners sollte innerbetrieblich geregelt werden. Die Zahl der Leerzeilen vor dieser Wiederholung richtet sich nach der Notwendigkeit.

Zusätze (z. B. i. A., i. V., ppa.) stehen zwischen der Bezeichnung des Unternehmens bzw. der Behörde und der maschinenschriftlichen Namenswiedergabe oder vor der Namenswiedergabe in derselben Zeile.

Betreffend Beglaubigungsvermerk bei Behörden wird auf 1.14 verwiesen.

```
1  Freundliche Grüße          1  Freundliche Grüße
2                             2
3  Service-Büro KG            3  Bürosysteme
4                             4  Schmidt & Co. OHG
5  i. V.                      5
6                             6  i. V.
7  Johanna Kellermann         7
                             8  Helga Schulze
```

```
1  Freundliche Grüße          1  Mit freundlichen Grüßen
2                             2
3  Autohaus                   3  im Auftrag
4  Schneider & Söhne KG       4
5                             5
6                             6
7                             7  Meier
8  Stefanie Franke
```

Wird ein Schriftstück von zwei Personen unterschrieben, ist der Name der rang-höheren Person vor dem der rangniedrigeren zu setzen.

```
1  Freundliche Grüße
2
3  PC-Beratungscenter Bergmann GmbH
4
5
6
7  ppa. Klaus Fischer      i. V. Karla Krüger
```

1.13 Anlagen- und Verteilvermerke

Die Wörter „Anlage(n)" und „Verteiler" dürfen durch Fettschrift hervorgehoben werden.

Der Mindestabstand des Anlagenvermerks vom Gruß oder von der Firmenbe-zeichnung sollte drei Leerzeilen betragen. Bei maschinenschriftlicher Angabe der Unterzeichner folgt der Anlagenvermerk nach einer Leerzeile. Falls mit dem An-lagenvermerk bei 125,7 mm von der linken Blattkante oder auf Grad 50 bzw. 60 begonnen wird, ist dieser mit einer Leerzeile Abstand vom Text zu schreiben.

Anlagen	**Anlagen**
1 Lichtbild	1 Prospekt
1 tabellarischer Lebenslauf	1 Faltblatt
4 Zeugniskopien	

Für den Abstand des Verteilvermerks von der vorhergehenden Beschriftung gelten die Angaben wie für den Anlagenvermerk. Der Verteilvermerk folgt dem Anlagenvermerk nach einer Leerzeile; sie darf bei Platzmangel entfallen *(Abstand zum vorherigen Absatz etwa 65 % des Schriftgrades).*

```
Anlagen
Rechnungskopie
Zahlkarte

Verteiler
Herrn Dr. Müller (Vertrieb Frankfurt)
```

1.14 Beglaubigungsvermerk bei Behörden

Wird der Behördenbrief nicht eigenhändig unterzeichnet, schließt er in der Regel mit einem Beglaubigungsvermerk ab.

Der Briefabschluss besteht dann aus dem Gruß, einem Zusatz (z. B. im Auftrag), dem Namen des Bearbeiters, eventuell seiner Amtsbezeichnung, gegebenenfalls dem Anlagen- und Verteilvermerk gemäß 1.13, dem Wort „Beglaubigt", dem Namen des Beglaubigenden und seiner Amtsbezeichnung.

Alle Bestandteile des Briefabschlusses werden an der Fluchtlinie angeordnet. Anlagen- und Verteilvermerk sowie der Beglaubigungsvermerk können auch bei 125,7 mm von der linken Blattkante oder auf Grad 50 bzw. 60 begonnen werden – in Höhe der Grußzeile.

```
 1  Mit freundlichem Gruß
 2
 3  im Auftrag
 4  Grimmel
 5
 6  Beglaubigt
 7
 8
 9
10 Schön
11 Verwaltungsangestellte
```

1.15 Besondere Elemente bei Briefvordrucken

Elemente eines Briefvordruckes, wie das Feld für den Briefkopf, für die Postanschrift des Absenders (siehe 1.5), für die Anschrift des Empfängers (siehe 1.6) oder die Bezugszeichenzeile (siehe 1.7.1), wurden in den vorangegangenen Abschnitten behandelt.

Die folgenden Abschnitte behandeln Elemente in einem Briefvordruck gemäß DIN 676, die durch Einsatz der Textverarbeitung auch für die systematisierte Erstellung von Geschäftsbriefen ("Formatvorlagen") verwendet werden können.

1.15.1 Warnzeichen

Das Warnzeichen gibt an, dass bei einfachem Zeilenschritt noch neun Schreibzeilen verfügbar sind. Es besteht aus einer feinen kurzen Linie (4 mm bis 8 mm Linienlänge), die innerhalb des Heftrandes und mindestens 60 mm vom unteren Papierrand bzw. 40 mm oberhalb der ersten Zeile der Geschäftsangabe angeordnet ist.

1.15.2 Heftrand

Auf dem Heftrand von 20 mm Breite sollten zwei Faltmarken, das Warnzeichen und die Lochmarke eingedruckt werden.

Im unteren Teil des Heftrandes können Druckvermerke (Vordrucknummer, Auflagedatum u. dgl.) angebracht werden.

1.15.3 Loch- und Faltmarken

Loch- und Faltmarken bestehen aus feinen kurzen Linien (4 mm bis 8 mm Linienlänge) und stehen am linken Papierrand.

Die Lochmarke befindet sich in der Mitte der Längsseite des A4-Blattes (Abstand vom oberen Papierrand 148,5 mm).

Bei Vorlochung (siehe 1.15.4) kann die Lochmarke entfallen.

Die beiden Faltmarken haben, vom oberen Blattrand gemessen, folgende Abstände:

Vordruck Form A: 87 mm und 192 mm

Vordruck Form B: 105 mm und 210 mm

1.15.4 Vorlochung

Bei Vorlochung der Vordrucke sind die Maße nach DIN 821-2 zu beachten:

- Lochmittenabstand (80 ± 0,1) mm,

- Lochdurchmesser (5,5 ± 0,1) mm,

- Abstand der Lochmitte vom linken Blattrand (11 ± 0,3) mm.

1.15.5   Geschäftsangaben

Die Angaben über Geschäftsräume, die Nummern der Hauptanschlüsse aller Kommunikationsmittel (z. B. Telefon, Telefax, Internet) und die Kontoverbindungen (Geldinstitut, Bankleitzahl, Kontonummer) stehen im Allgemeinen am Fuß des Vordrucks.

Sofern die Postanschrift des Absenders nicht in dem dafür vorgesehenen Feld erscheint, ist sie den Angaben über die Geschäftsräume voranzustellen.

Bei Kapitalgesellschaften sind die Angaben über

– die Rechtsform und den Sitz der Gesellschaft,

– das Registergericht des Sitzes der Gesellschaft und die Nummer, unter der die Gesellschaft in das Handelsregister eingetragen ist,

– den Namen des Vorsitzenden des Aufsichtsrates (sofern die Gesellschaft nach gesetzlicher Vorschrift einen Aufsichtsrat zu bilden hat),

– die Namen des Vorsitzenden und aller Mitglieder des Vorstandes (bei Gesellschaften mit beschränkter Haftung die Namen aller Geschäftsführer)

am Fuß des Vordrucks aufzuführen.

Die Rechtsform der Gesellschaft kann auch im Briefkopf als Bestandteil der Firma angegeben werden.

In Bild 7 und Bild 8 sind die Positionen und Bezeichnungen der Elemente eines Briefvordruckes aus den vorherigen Unterabschnitten zusammengefasst dargestellt.

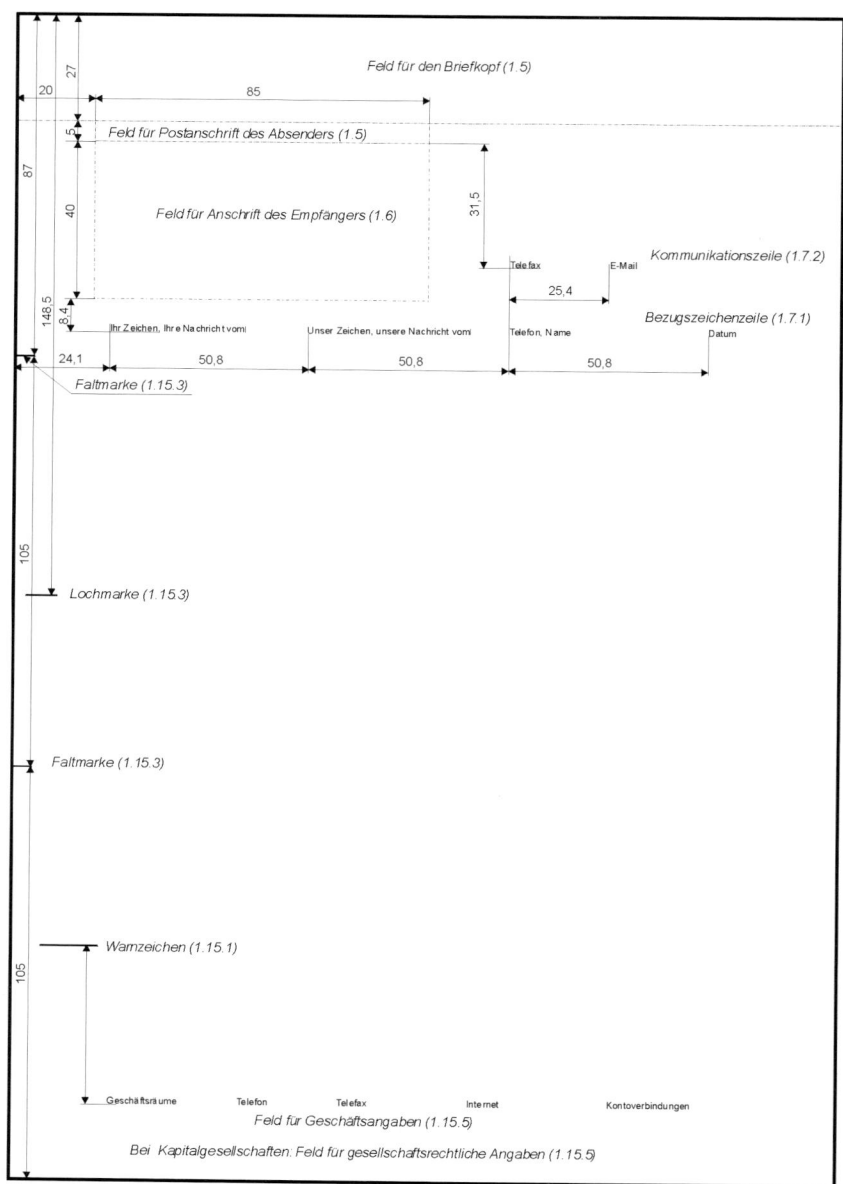

Bild 7 – Position und Bezeichnung der Elemente eines Briefvordruckes Form A nach DIN 676 mit Verweis auf die entsprechenden Abschnittsnummern, alle Maße in mm

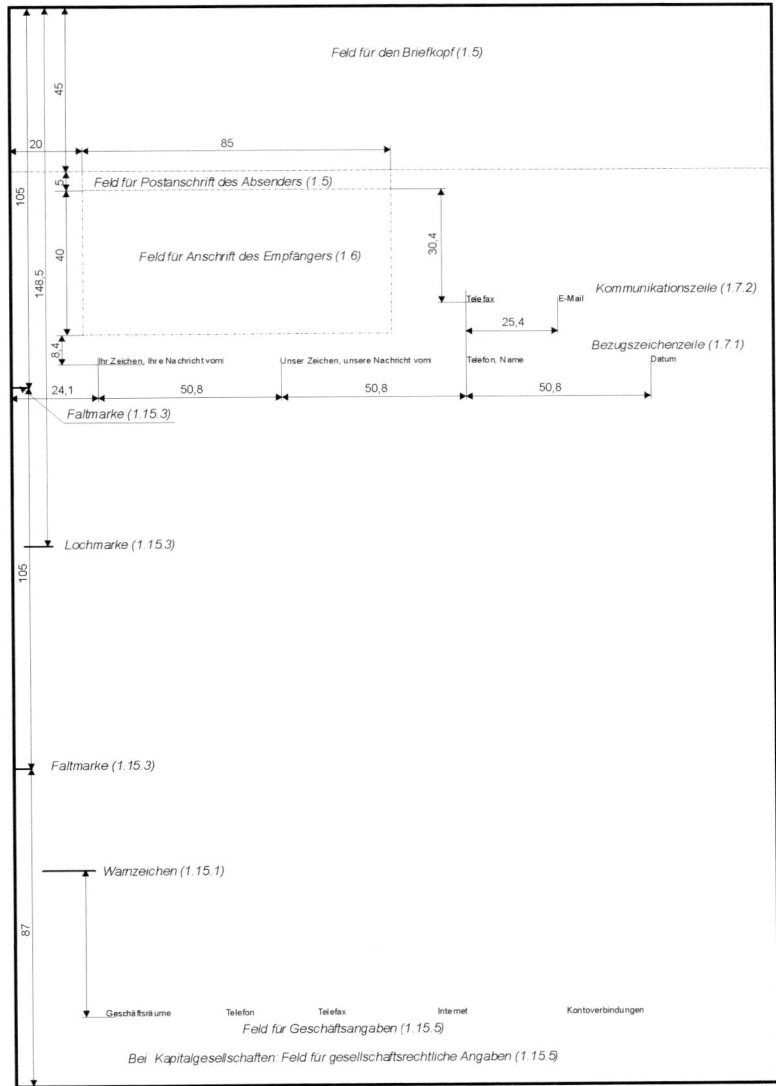

Bild 8 – Position und Bezeichnung der Elemente eines Briefvordruckes Form B nach DIN 676 mit Verweis auf die entsprechenden Abschnittsnummern, alle Maße in mm

1.16 Ausführungsbeispiele

1.16.1 Geschäftsbrief mit Vordruck

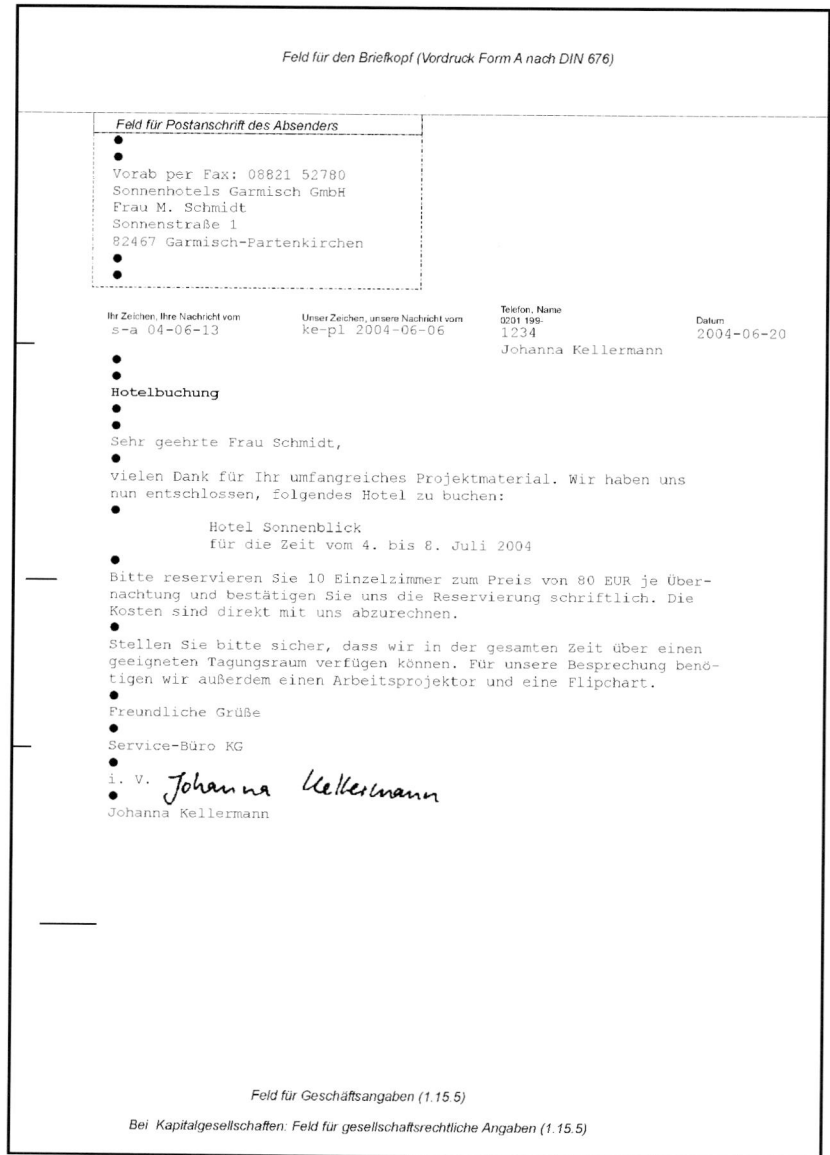

Bild 9 – Anwendungsbeispiel, Vordruck Form A gemäß DIN 676

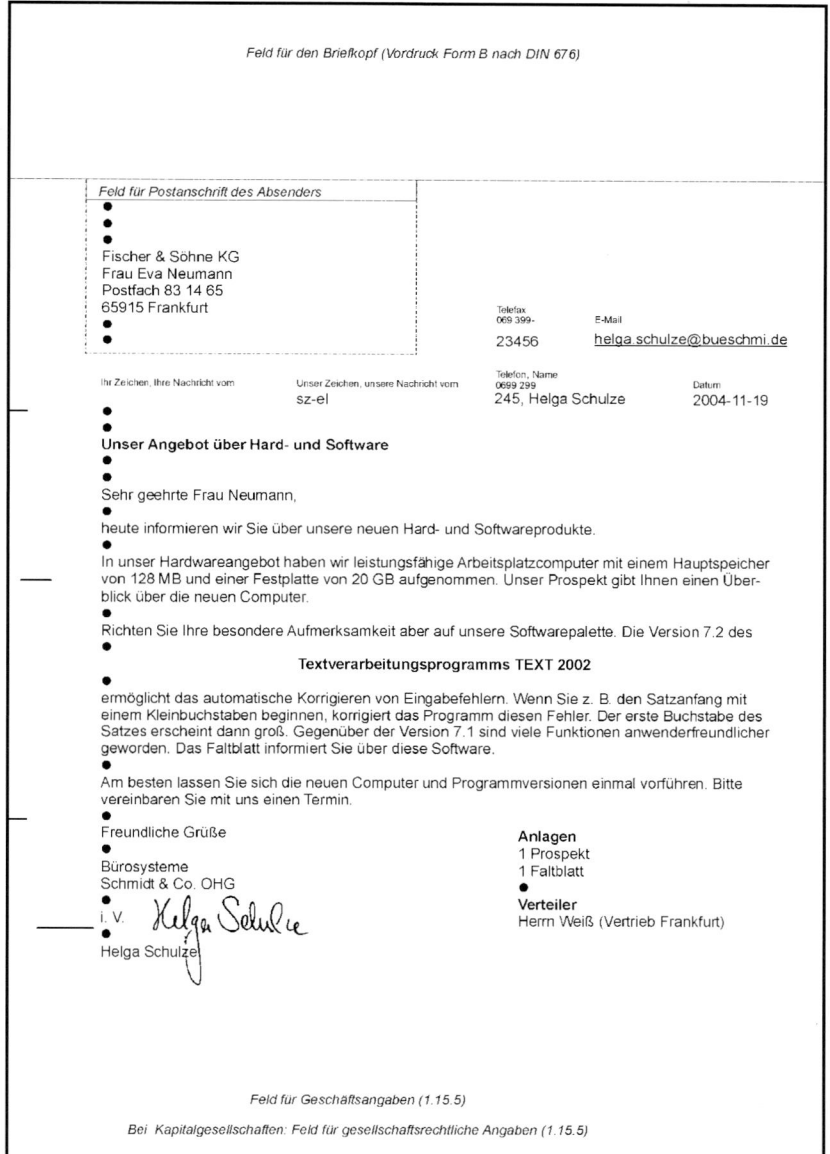

Feld für den Briefkopf (Vordruck Form B nach DIN 676)

Feld für Postanschrift des Absenders

Fischer & Söhne KG
Frau Eva Neumann
Postfach 83 14 65
65915 Frankfurt

Telefax 069 399-	E-Mail
23456	helga.schulze@bueschmi.de

Ihr Zeichen, Ihre Nachricht vom	Unser Zeichen, unsere Nachricht vom	Telefon, Name 0699 299	Datum
	sz-el	245, Helga Schulze	2004-11-19

Unser Angebot über Hard- und Software

Sehr geehrte Frau Neumann,

heute informieren wir Sie über unsere neuen Hard- und Softwareprodukte.

In unser Hardwareangebot haben wir leistungsfähige Arbeitsplatzcomputer mit einem Hauptspeicher von 128 MB und einer Festplatte von 20 GB aufgenommen. Unser Prospekt gibt Ihnen einen Überblick über die neuen Computer.

Richten Sie Ihre besondere Aufmerksamkeit aber auf unsere Softwarepalette. Die Version 7.2 des

Textverarbeitungsprogramms TEXT 2002

ermöglicht das automatische Korrigieren von Eingabefehlern. Wenn Sie z. B. den Satzanfang mit einem Kleinbuchstaben beginnen, korrigiert das Programm diesen Fehler. Der erste Buchstabe des Satzes erscheint dann groß. Gegenüber der Version 7.1 sind viele Funktionen anwenderfreundlicher geworden. Das Faltblatt informiert Sie über diese Software.

Am besten lassen Sie sich die neuen Computer und Programmversionen einmal vorführen. Bitte vereinbaren Sie mit uns einen Termin.

Freundliche Grüße

Bürosysteme
Schmidt & Co. OHG

i. V. *Helga Schulze*

Helga Schulze

Anlagen
1 Prospekt
1 Faltblatt

Verteiler
Herrn Weiß (Vertrieb Frankfurt)

Feld für Geschäftsangaben (1.15.5)

Bei Kapitalgesellschaften: Feld für gesellschaftsrechtliche Angaben (1.15.5)

Bild 10 – Anwendungsbeispiel, Vordruck Form B gemäß DIN 676 mit Kommunikationszeile, Anlagen- und Verteilvermerk

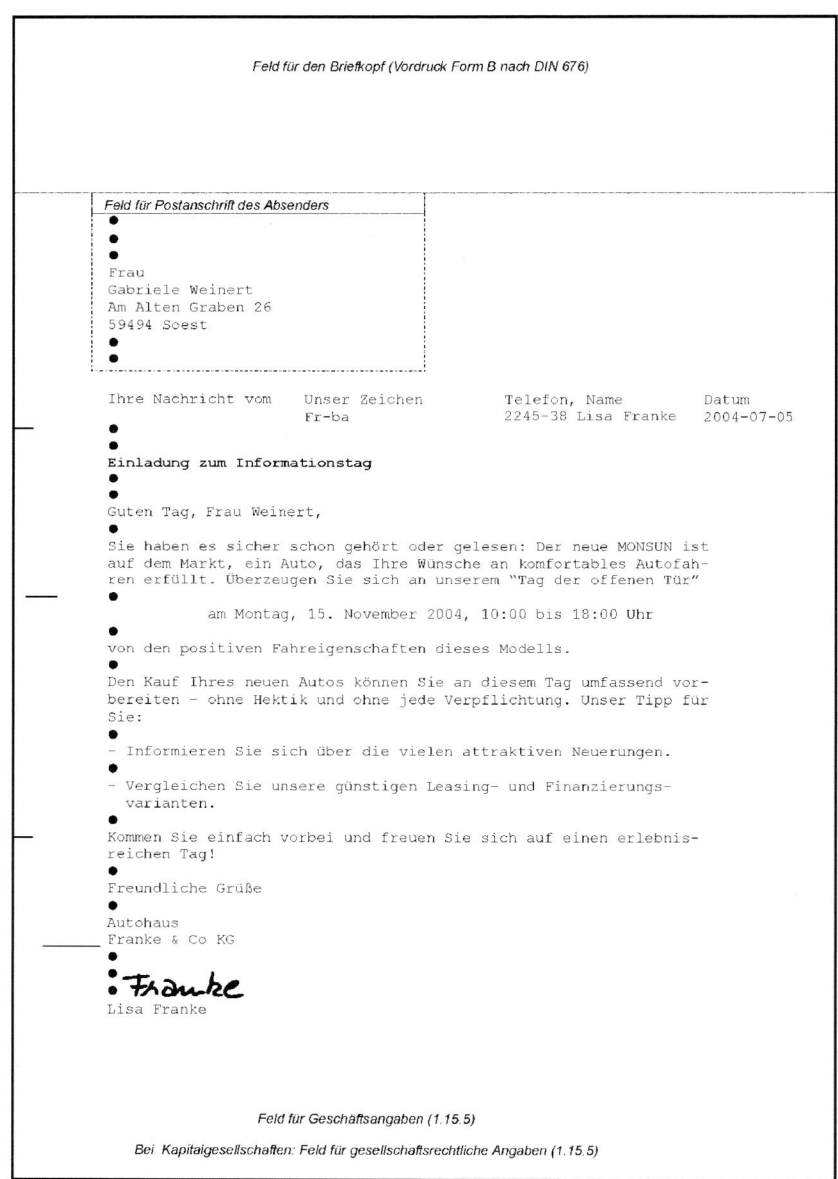

Bild 11 – Anwendungsbeispiel, Vordruck Form B gemäß DIN 676 ohne vorgedruckte Bezugszeichenzeile

Feld für Briefkopf (Vordruck Form A nach DIN 676)

Feld für Postanschrift des Absenders

*
*
*
Herrn
Maximilian Weber
Mark-Twain-Straße 11
12627 Berlin
*
*

Ihr Zeichen:	
Ihre Nachricht vom:	2004-07-04
Unser Zeichen:	IV 1 - 24 00
Unsere Nachricht vom:	
Name:	Jens Meier
Zimmer:	345
Telefon:	0221 199-4711
Telefax:	0221 456-4700
Datum:	2004-07-17

*
*

Darlehensverwaltung und -einzug nach dem Bundesausbildungsförderungsgesetz (BAföG) – Freistellung von der Rückzahlungsverpflichtung nach § 18 a BAföG
*

Sehr geehrter Herr Weber,

Sie können von der Rückzahlungsverpflichtung freigestellt werden, wenn Ihr Nettoeinkommen eine bestimmte Höchstgrenze (Freibetrag) nicht übersteigt. Falls Sie verheiratet sind und Kinder haben, werden folgende Freibeträge berücksichtigt, und zwar
*

Ihr Freibetrag	600,00 €
Freibetrag Ihrer Ehefrau	290,00 €
Freibetrag für jedes Kind	
– vor Vollendung des 15. Lebensjahres	230,00 €
– nach Vollendung des 15. Lebensjahres	290,00 €

*
Wenn Ihre Ehefrau oder die Kinder eigenes Einkommen erzielen, werden die Freibeträge um dieses Einkommen gemindert. Sollten Sie behindert sein, erhöht sich der Freibetrag um die behinderungsbedingten Aufwendungen, die steuerlich nach § 33 b des Einkommensteuergesetzes berücksichtigt werden. Die Erhöhung des Freibetrages müssen Sie beantragen.
*

Überschreitet Ihr Nettoeinkommen den Freibetrag um weniger als die Höhe der Rückzahlungsrate, kann ich Ihnen eine Rückzahlung mit verminderten Raten gewähren. Die Rate wird dann auf den Betrag festgesetzt, um den Ihr Nettoeinkommen den Freibetrag übersteigt (verdienen Sie z. B. als allein stehender Darlehensnehmer 720,00 €, würde Ihre monatliche Rückzahlungsrate auf 50,00 € festgesetzt). Dies ist die einzige im Gesetz vorgesehene Möglichkeit, die Ratenhöhe zu vermindern.
*

Wenn Sie die dargestellten Möglichkeiten nutzen möchten, stellen Sie bitte einen Antrag auf Freistellung. Sie erhalten dann ein Schreiben, mit dem ich Sie bitte, die für die Entscheidung erforderlichen Unterlagen vorzulegen. Anhand Ihrer Unterlagen kann ich prüfen, ob die Voraussetzungen für eine Freistellung vorliegen. Dies ist vom Gesetz vorgesehen. Liegen die Voraussetzungen vor, kann ich Sie von dem Monat an freistellen, in dem Ihr Antrag hier eingegangen ist. Sofern vor Antragstellung bereits (Teil-)Raten fällig geworden sind, kann ich Sie auch für höchstens vier Monate vor Antragstellung von der Rückzahlungsverpflichtung freistellen. Eine weitergehende Rückwirkung sieht das Gesetz nicht vor.
*

Mit freundlichen Grüßen
*
im Auftrag
*
*
Jens Meier

Hinweis:
In der öffentlichen Verwaltung hat der Zusatz „im Auftrag" als Zusatz zur Unterschrift eine andere rechtliche Bedeutung als im kaufmännischen Schriftverkehr. Die Verwendung der kaufmännischen Abkürzung „i. A." ist hier nicht üblich.

Bild 12 – Anwendungsbeispiel, Vordruck Form A gemäß DIN 676 mit Informationsblock

1.16.2 Geschäftsbrief ohne Vordruck

```
·
·
·
·
Kornelia Großmann                          2004-09-05
August-Bebel-Platz 15
99423 Weimar
Tel. 03643 24559
·
·
·
·
·
·

EUROTEC AG
Personalabteilung
Frau Erika Kleine
99081 Erfurt
·
·
·
Bewerbung als Sachbearbeiterin für den Einkauf
·
Sehr geehrte Frau Kleine,
·
in der NEUEN PRESSE habe ich gelesen, dass Sie zum 15. Oktober 2004
eine Sachbearbeiterin für den Einkauf einstellen wollen. Ich bewerbe
mich bei Ihnen, weil mich die Arbeit im Einkauf interessiert, und ich
glaube, für diese Stelle alle erforderlichen Voraussetzungen mitzubrin-
gen.
·
Nach meiner Ausbildungszeit als Industriekauffrau bei den Thüringischen
Metallwerken in Jena wurde ich dort als Sachbearbeiterin im Einkauf, im
Verkauf und in der Rechnungsabteilung eingesetzt. Durch meine Tätigkei-
ten in verschiedenen betrieblichen Bereichen ist mir klar geworden,
dass meine Fähigkeiten und Neigungen im Einkauf liegen.
·
Um mich fortzubilden, besuche ich seit 1. September 2002 bei der In-
dustrie- und Handelskammer das berufsbegleitende Seminar "Geprüfte(r)
Betriebswirt(in)", das Ende 2004 mit einer Prüfung abschließt. Die dort
erworbenen Kenntnisse werden mir als Sachbearbeiterin im Einkauf nütz-
lich sein.
·
Die gewünschten Bewerbungsunterlagen informieren Sie über meinen schu-
lischen und beruflichen Werdegang. Über Ihre Einladung zu einem Vor-
stellungsgespräch freue ich mich.
·
Mit freundlichen Grüßen
·
·        Kornelia Großmann
·
Anlagen
1 Foto
1 tabellarischer Lebenslauf
4 Zeugniskopien
1 Kopie des Prüfungszeugnisses
```

Bild 13 – Anwendungsbeispiel, ohne Vordruck

1.16.3 Geschäftsbrief mit Vordruck und Fortsetzungsblatt

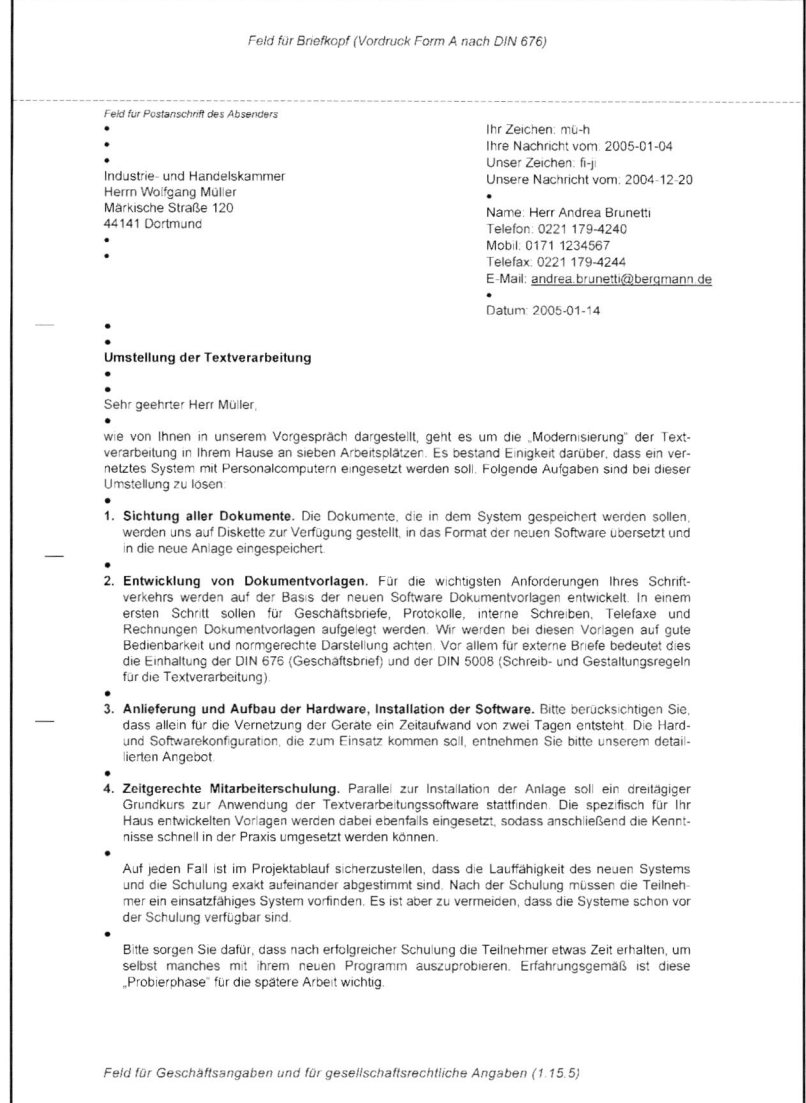

Bild 14 – Anwendungsbeispiel, Vordruck Form A gemäß DIN 676 mit Informationsblock und Folgeseite (siehe Bild 15)

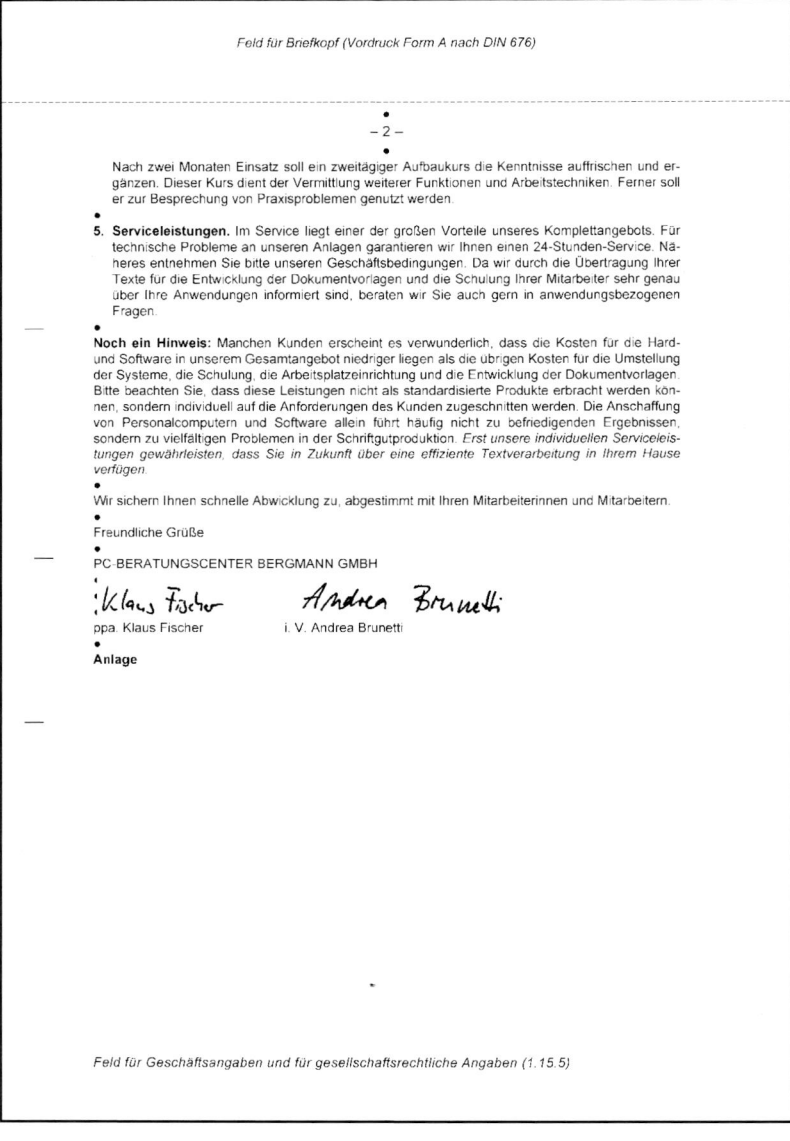

Feld für Briefkopf (Vordruck Form A nach DIN 676)

– 2 –

Nach zwei Monaten Einsatz soll ein zweitägiger Aufbaukurs die Kenntnisse auffrischen und ergänzen. Dieser Kurs dient der Vermittlung weiterer Funktionen und Arbeitstechniken. Ferner soll er zur Besprechung von Praxisproblemen genutzt werden.

5. Serviceleistungen. Im Service liegt einer der großen Vorteile unseres Komplettangebots. Für technische Probleme an unseren Anlagen garantieren wir Ihnen einen 24-Stunden-Service. Näheres entnehmen Sie bitte unseren Geschäftsbedingungen. Da wir durch die Übertragung Ihrer Texte für die Entwicklung der Dokumentvorlagen und die Schulung Ihrer Mitarbeiter sehr genau über Ihre Anwendungen informiert sind, beraten wir Sie auch gern in anwendungsbezogenen Fragen.

Noch ein Hinweis: Manchen Kunden erscheint es verwunderlich, dass die Kosten für die Hard- und Software in unserem Gesamtangebot niedriger liegen als die übrigen Kosten für die Umstellung der Systeme, die Schulung, die Arbeitsplatzeinrichtung und die Entwicklung der Dokumentvorlagen. Bitte beachten Sie, dass diese Leistungen nicht als standardisierte Produkte erbracht werden können, sondern individuell auf die Anforderungen des Kunden zugeschnitten werden. Die Anschaffung von Personalcomputern und Software allein führt häufig nicht zu befriedigenden Ergebnissen, sondern zu vielfältigen Problemen in der Schriftgutproduktion. *Erst unsere individuellen Serviceleistungen gewährleisten, dass Sie in Zukunft über eine effiziente Textverarbeitung in Ihrem Hause verfügen.*

Wir sichern Ihnen schnelle Abwicklung zu, abgestimmt mit Ihren Mitarbeiterinnen und Mitarbeitern.

Freundliche Grüße

PC-BERATUNGSCENTER BERGMANN GMBH

ppa. Klaus Fischer   i. V. Andrea Brunetti

Anlage

Feld für Geschäftsangaben und für gesellschaftsrechtliche Angaben (1.15.5)

Bild 15 – Anwendungsbeispiel, Vordruck Form A gemäß DIN 676, Folgeseite von Bild 14

1.17 Gestaltung eines Telefax

Es sind die Gestaltungsgrundsätze eines Geschäftsbriefes anzuwenden.

Falls kein eigener Telefax-Vordruck vorliegt, kann wie folgt verfahren werden.

Als Bezeichnung der Sendungsart (siehe 1.6.1) ist im Anschriftfeld die Bezeichnung „Telefax" einzutragen.

Ist die Übersendung des Schriftstückes als Brief notwendig, so kann als Zusatz zur Bezeichnung der Sendungsart (siehe 1.6.1) z. B. der Hinweis „Vorab per Fax" angebracht werden. Ist es erforderlich, die Telefax-Nummer des Empfängers im Schriftstück anzugeben, so kann dies vorzugsweise im Feld der Empfängeranschrift gemacht werden.

```
1
2
3   Vorab per Fax: 08821 52780
1   Uhrengroßhandel
2   Karl Hinteregger & Söhne
3   Max-Planck-Straße 48
4   63500 Seligenstadt
5
6
```

1.18 E-Mail

1.18.1 Allgemeines

Die Regelungen zu E-Mails beziehen sich nur auf die Verwendung als Geschäftsbriefersatz (nicht auf rein unternehmensinterne Mitteilungen).

Beim Übermitteln von E-Mails ist auf die technischen Gegebenheiten des Empfängers Rücksicht zu nehmen – insbesondere beim Nachrichtenformat, bei der Codierung, bei der Verschlüsselung, bei den verwendeten Schriften und den Dateiformaten der Anlagen.

Anschrift, Verteiler und Betreff sind vorgegebene Zeilen eines E-Mail-Kopfes.

1.18.2 Zeilenabstand und Gliederung

Es wird mit Zeilenabstand 1 (einzeilig) geschrieben.

1.18.3 Anschrift

Zum Versenden einer E-Mail ist eine eindeutige E-Mail-Adresse zu verwenden, die sich nach den Vorgaben des jeweiligen Anbieters gestaltet. E-Mail-Adressen sind häufig in folgender Form aufgebaut:

Empfaengerbezeichnung@Anbieter.de

Bei Verwendung persönlicher Namen häufig:

Vorname.Name@Anbieter.de

Beispiele:

frank.baumann@t-online.de	service@webshop.com

1.18.4 Verteiler

Als Verteiler werden bei E-Mails in das elektronische Verteilerfeld weitere E-Mail-Adressen eingetragen – in der Form gemäß 1.18.3.

1.18.5 Betreff

Der Betreff ist als stichwortartige Inhaltsangabe im vorgesehenen Feld des E-Mail-Kopfes auszufüllen. Da der Betreff für die Bearbeitung und Verwaltung von E-Mails eine zentrale Bedeutung hat, ist diese Angabe zwingend erforderlich.

1.18.6 Anrede

Bei E-Mails als Ersatz für Geschäftsbriefe ist die Anrede fester Bestandteil. Die Anrede beginnt an der Fluchtlinie und wird durch eine Leerzeile vom folgenden Text getrennt.

1.18.7 Text

Der Text ist als Fließtext ohne Worttrennungen zu erfassen, weil der Umbruch durch die Software des Empfängers gesteuert und der jeweiligen Fenstergröße angepasst wird.

Absätze sind jeweils vom folgenden Text durch eine Leerzeile zu trennen. Zur weiteren Gliederung und Kennzeichnung von E-Mail-Texten sind die Regeln des Abschnittes 2 zu berücksichtigen.

1.18.8 Abschluss

Der Abschluss wird einer E-Mail in der Regel als elektronischer Textbaustein zugesteuert. Er enthält den Gruß sowie Kommunikations- und Firmenangaben. Zwingend sollte er auch die E-Mail- und/oder Internet-Adresse enthalten.

```
 1  Freundliche Grüße
 2
 3  Sendler GmbH
 4
 5  Otto Winter
 6
 7  Telefon: +49 221 166-7079
 8  Fax: +49 221 166-7080
 9  E-Mail: otto.winter@sendler.de
10  Internet: http://www.sendler.de
```

1.18.9 Elektronische Signatur bzw. Verschlüsselung

Entscheidend für die Sicherheit beim elektronischen Datenaustausch ist zum einen die Nachweisbarkeit der Identität des Kommunikationspartners und die Integrität der Daten, zum anderen die Vertraulichkeit wichtiger Informationen.

Da E-Mails eher einer Postkarte als einem Brief entsprechen, sollten wichtige Mitteilungen durch digitale Signatur und/oder verschlüsseltes Übertragen gegen unberechtigtes Lesen und Veränderungen geschützt werden.

An ...	buerosysteme.obermeyer@t-online.de
Cc ...	
Bcc ...	
Betreff:	Informationen zu TAIFUN 800 und DIGIT 2000

Sehr geehrte Damen und Herren,

im Internet fand ich Ihr Angebot über den Computer „TAIFUN 800" und die Digitalkamera „DIGIT 2000".

Bitte senden Sie mir ausführliche Informationen über den Computer und die Digitalkamera.

Freundliche Grüße

Eva Baumann
Frankfurter Allee 25
10247 Berlin

Telefon: 030 734566
Telefax: 030 734567
E-Mail: eva.baumann@t-online.de

Bild 16 – Anwendungsbeispiel für eine E-Mail

An ...	kfb.meyer@ihk-berlin.com
Cc ...	kfb.paa@ihk-berlin.com
Bcc ...	
Betreff:	Pruefungsaufgaben

```
-----BEGIN PGP SIGNED MESSAGE-----
Hash: SHA1
```

Sehr geehrte Damen und Herren,

wie vor drei Tagen besprochen, sende ich Ihnen die für die nächste Prüfung beschlossenen und überarbeiteten Prüfungsaufgaben für das Fach Informationsverarbeitung als gepackte Datei.

Freundliche Grüße

Oberstufenzentrum
Bürowirtschaft und Verwaltung

i. A. Georg Hutflesz

Telefon: 030 470307
Telefax: 030 470308
E-Mail: g.hutflesz@webmail.de

```
-----BEGIN PGP SIGNATURE-----
Version: PGP 6.0.2i
iQA/AwUBOU+c9b2YemmXosc/EQKg3ACgh5v9gl9JyqcymZAs9TM+zDaPN1oA
oOZt
RtjcheSJDb9H0tqOxhbJWHlN
=aWSC
-----END PGP SIGNATURE-----
```

kfb-pra.zip

Bild 17 – Anwendungsbeispiel für eine E-Mail mit einer der möglichen Signaturen

1.19 Millimeter-, Grad- und Zeilenangaben von Elementen eines Briefstückes

1.19.1 Zeilenanfang und Zeilenende

Tabelle 2 – Millimeterangaben für Zeilenanfang und Zeilenende

Benennung	Zeilenanfang für alle Schriftarten in Millimeter		Maximales Zeilenende* für alle Schriftarten in Millimeter		
	von der linken Blattkante**	vom linken Rand**	von der linken Blattkante**	vom linken Rand**	von der rechten Blattkante**
Absenderangabe	24,1	0,0	100,3	76,2	109,7
Zusätze und Vermerke	24,1	0,0	100,3	76,2	109,7
Empfängeranschrift	24,1	0,0	100,3	76,2	109,7
Kommunikationszeile bzw. Informationsblock	125,7	101,6	201,9	177,8	8,1
Bezugszeichenzeile:***					
Erstes Leitwort	24,1	0,0			
Zweites Leitwort	74,9	50,8			
Drittes Leitwort	125,7	101,6			
Viertes Leitwort	176,5	152,4	201,9	177,8	8,1
Text	24,1	0,0	201,9	177,8	8,1
Gruß und/oder Firmenbezeichnung	24,1	0,0			
Anlagen- und Verteilvermerke	24,1 oder 125,7	0,0 oder 101,6	201,9	177,8	8,1
Einrückung	49,5	25,4	201,9	177,8	8,1

* Im Textbereich sollte das Zeilenende wenigstens bei 163,8 mm von der linken Blattkante oder 139,7 mm vom linken Rand liegen (= 46,2 mm von der rechten Blattkante).

** Werden die Geschäftsvordrucke mit einem Textverarbeitungsprogramm erstellt, können die Millimeterangaben gerundet werden. Dabei wird allerdings der einheitliche Millimeterraster geringfügig verlassen.

*** Siehe DIN 676. Die maximalen Zeilenenden für die ersten drei Leitwörter werden durch den Anfang des jeweils folgenden Leitwortes bestimmt.

Tabelle 3 – Gradangaben für Zeilenanfang und Zeilenende

Benennung	Zeilenanfang auf Grad		Maximales Zeilenende* auf Grad	
	Pica 10er	Elite 12er	Pica 10er	Elite 12er
Absenderangabe	10	12	39	47
Zusätze und Vermerke	10	12	39	47
Empfängeranschrift	10	12	39	47
Kommunikationszeile bzw. Informationsblock	50	60	79	94
Bezugszeichenzeile:**				
Erstes Leitwort	10	12		
Zweites Leitwort	30	36		
Drittes Leitwort	50	60		
Viertes Leitwort	70	84	79	94
Text	10	12	79	94
Gruß und/oder Firmenbezeichnung	10	12		
Anlagen- und Verteilvermerke	10 oder 50	12 oder 60	79	94
Einrückung	20	24	79	94

* Im Textbereich soll das Zeilenende wenigstens auf Grad 64 (bei 12er-Teilung auf Grad 78) liegen.

** Siehe DIN 676. Die maximalen Zeilenenden für die ersten drei Leitwörter werden durch den Anfang des jeweils folgenden Leitwortes bestimmt.

1.19.2 Zeilenpositionen von der oberen Blattkante

Tabelle 4 – Millimeter- und Zeilenangaben für Zeilenpositionen von der oberen Blattkante (abgeleitet aus DIN 676)

Benennung	Briefblatt Form A		Briefblatt Form B	
	Zeilenanfang für alle Schriftarten in Millimeter von der oberen Blattkante*	Zeilenanfang von der oberen Blattkante auf Zeile**	Zeilenanfang für alle Schriftarten in Millimeter von der oberen Blattkante*	Zeilenanfang von der oberen Blattkante auf Zeile**
Erste Absenderzeile bei Briefblättern ohne Aufdruck	16,9	5	16,9	5
Erste Zeile Zusatz- und Vermerkzone	33,9	9	50,8	13
Erste Zeile Anschriftzone	46,6	12	63,5	16
Erste Zeile des Informationsblocks	33,9	9	50,8	13
Leitwörter Kommunikationszeile	63,5	16	80,4	20
Text Kommunikationszeile	67,7	17	84,7	21
Leitwörter Bezugszeichenzeile	80,4	20	97,4	24
Text Bezugszeichenzeile	84,7	21	101,6	25
Betreff (bei einer vorausgehenden Bezugszeichenzeile)	97,4	24	114,3	28

* Millimeterangaben bis zur oberen Zeilenkante unter Zugrundelegung einer Zeilenhöhe von 4,23 mm. Werden die Geschäftsvordrucke mit einem Textverarbeitungsprogramm erstellt, können die Millimeterangaben gerundet werden. Dabei wird allerdings der einheitliche Millimeterraster geringfügig verlassen.

** Bei Berechnung ab 1. Textzeile sind alle Werte dieser Spalte um 4 zu reduzieren.

Notizen

2 Text

2.1 Allgemeines

Textbeginn und Textende siehe 1.10.

Texte werden, wenn es nach ihrem Umfang und Inhalt zweckmäßig ist, in Absätze, Aufzählungen und Abschnitte gegliedert. Bei Bedarf werden diese durch Ziffern, Buchstaben, Mittestriche, Punkte oder Ähnliches gekennzeichnet. Nach den Gliederungszeichen folgt ein Abstand von mindestens einem Leerzeichen, nach Abschnittsnummern von mindestens zwei Leerzeichen.

Es werden einige in der Praxis häufig verwendete Gliederungen gezeigt. Weitere Gliederungsmöglichkeiten siehe auch DIN 1421.

2.2 Absätze

Jeder Absatz ist durch eine Leerzeile vom vorhergehenden Text zu trennen und beginnt an der Fluchtlinie. So beginnt auch der Text nach der Anrede, siehe 1.9, in der zweiten Zeile.

Der Abstand eines Absatzes zum vorhergehenden Text sollte einen halben Zeilenabstand betragen, wobei der Zeilenabstand innerhalb eines Absatzes mindestens 130 % des Schriftgrades ist. Auf einen genauen Zeilenabstand ist zu achten, z. B. genau 13 p.

2.2.1 Kennzeichnung durch Absatznummern

Absätze dürfen mit arabischen Zählnummern gekennzeichnet werden. Um diese Absatznummern deutlich von Abschnittsnummern unterscheiden zu können, sind sie vorzugsweise einzuklammern. Sie dürfen auch mit nachfolgendem Bindestrich oder Gedankenstrich (verlängerter Mittestrich) gekennzeichnet werden.

Absätze dürfen wahlweise wie folgt benummert werden:

a) In einem Abschnitt werden dessen Absätze fortlaufend gezählt und immer mit „1" beginnend benummert.

b) Alle Absätze in einem Text werden, unabhängig von der Gliederung in Abschnitte, fortlaufend gezählt benummert.

```
1.2.3  Skylab, Raumstation mit Komfort

(1)  Das Jahr 1973 wird in die Geschichte eingehen als jenes Jahr,
in dem zum ersten Mal Menschen monatelang unter Weltraumbedingun-
gen an Bord einer Raumstation lebten.

(2)  Die Ausmaße dieses Labors im Weltall sind, zumindest vergli-
chen mit den Größen bisheriger Raumfahrzeuge ...

4.5.6  Angriffe auf das Denkvermögen

1- Die Beschäftigung mit den Erkrankungen des menschlichen Nerven-
systems führt unvermeidlich zu der verschwommenen Grenze zwischen
Neurologie und Psychologie.

2- Wie die Bewegung und die Sprache ist auch die Fähigkeit, seine
Gedanken zu kontrollieren, eine Funktion des Nervensystems, die im
...
```

2.2.2   Teilbetreff

Teilbetreffe beziehen sich im Gegensatz zum Betreff (siehe 1.8) auf Briefteile.

Der Teilbetreff beginnt an der Fluchtlinie, schließt mit einem Punkt und wird hervorgehoben. Der Text wird unmittelbar angefügt.

```
... Folgende Angaben sind bei dieser Umstellung zu lösen:

1. Sicherung aller Dokumente. Die Dokumente, die in dem System
   gespeichert werden sollen, werden uns auf Diskette zur Verfü-
   gung gestellt, in das Format der neuen Software übersetzt und
   in die neue Anlage eingespeichert.

2. Entwicklung von Dokumentvorlagen. Für die wichtigsten Anforde-
   rungen Ihres Schriftverkehrs werden auf der Basis der neuen
   Software Dokumentvorlagen entwickelt. In einem ersten Schritt
   ...
```

2.3   Aufzählungen

Gemäß DIN 1421 ist eine Aufzählung ein Teil eines Textes, der vorwiegend
durch Gliederung eines Absatzes entsteht und stets gekennzeichnet wird. Beginn
und Ende der Aufzählungen sind vom übrigen Text durch eine Leerzeile *(Abstand
65 % des Schriftgrades)* zu trennen.

2.3.1   Kennzeichnung mit Zeichen oder Zahlen

Zur Kennzeichnung von Aufzählungen werden vorzugsweise arabische Ordnungszahlen und lateinische Kleinbuchstaben verwendet.

Aufzählungen, welche lediglich typographisch hervorgehoben werden sollen, dürfen mit Bindestrich oder Gedankenstrich gekennzeichnet werden. *Darüber hinaus kann die Kennzeichnung durch Sterne, kleine gefüllte Quadrate oder kleine gefüllte Kreise je nach Umfang des Zeichensatzes ergänzt werden.*

Arabische Ordnungszahlen schließen mit Punkt ab, Kleinbuchstaben mit Klammer. Dekadische Gliederungsnummern enden ohne Punkt (siehe 3.5.4.4). Nach einem Gliederungszeichen ist mindestens ein Leerzeichen zu setzen *(zwischen Gliederungszeichen und nachfolgendem Text ist ein Mindestabstand von 1 mm einzuhalten).*

```
Mit Wirkung vom 2001-08-01 beträgt die Mindesthöhe der Versiche-
rungssumme für

1. Personenschäden 1.000.000 EUR,
2. Sachschäden 500.000 EUR,
3. Vermögensschäden 50.000 EUR.

Berücksichtigen Sie dies, wenn Sie unser Angebot nochmals prüfen
...
```

Die einzelnen Aufzählungsglieder können auch durch Leerzeilen *(Abstand 65 % des Schriftgrades)* getrennt werden, insbesondere wenn sie mehrzeilig sind.

```
Ich darf Sie besonders auf nachstehende Erfolgsreihen hinweisen:

-   Lexika für den täglichen Gebrauch, z. B. Fremdwörterlexikon,
    Gesundheitslexikon, Länderlexikon, Lexikon der Abkürzungen

-   Bücher für den Urlaub, z. B. Reisen nach Amerika, Reisen nach
    Afrika, Reisen nach Asien, Reisen nach Australien

Damit haben Sie die Möglichkeit, ...
```

Als Basisversorgung empfehlen wir Ihnen folgenden Versicherungsschutz:

a) Haftpflicht-Versicherung mit einer Deckungssumme von mindestens 3 Mio. EUR

b) Unfall-Versicherung mit Schwerpunkt auf Invalidität (auch für Ihre Kinder)

Gebäude- und Hausratversicherung mit angemessener Versicherungssumme

Aufzählungen können auch mehrstufig sein.

```
Aus meinem umfassenden Angebot kann ich Ihnen Markengeräte nach
Maß anbieten:

1. Pumpen für Haus, Garten und Gewerbe

   a) Spezialpumpen
   b) Umwälzpumpen
   c) Unterwasserpumpen

2. Schwimmbecken

   a) Rund- oder Langbecken
   b) Fertigbecken

Die Leistungsfähigkeit und Lebensdauer ...
```

2.3.2   Kennzeichnung mit Stichwörtern

Stichwörter sollten möglichst kurz sein und an der Fluchtlinie beginnen. Unterstreichung, Doppelpunkt sind erlaubt. Die dazugehörigen Texte sollten an jener Tabulatorposition beginnen, die sich aus dem längsten Stichwort ergibt.

```
Umfang                   12 Seiten
Format                   A4, 2-mal durch den Rücken geheftet
Papier                   Esparto weiß 120 g/m²
Lithos                   werden von uns beigestellt
Preis/2000 Stück         EUR 2.000,--
Fortdruck/1000 Stück     EUR   120,--
Lieferung                14 Tage nach Imprimatur
```

2.4   Aufstellungen

Eine Aufstellung ist vom vorhergehenden Text und vom nachfolgenden Text durch eine Leerzeile *(Abstand 65 % des Schriftgrades)* zu trennen. Aus Gründen der Übersichtlichkeit können zwischen den Kolonnen auch mehrere Leerzeichen gesetzt werden.

```
Vergleichen Sie die tief reduzierten Preise unserer Sonderangebote
an Porzellangeschirr:

Tafelservice "Vera"  22-teilig statt EUR 100,00 nur EUR  76,00
    "        "Gerda" 20-teilig  "    "  120,00  "   "  110,00
Kaffeeservice "Inge"  9-teilig  "    "   47,00  "   "   30,00
    "        "Ida"    9-teilig  "    "   73,00  "   "   57,00
```

2.5 Abschnitte

Gemäß DIN 1421 ist ein Abschnitt ein Teil eines Textes, der durch Gliederung eines Textes entsteht und durch eine Abschnittsnummer und/oder eine Abschnittsüberschrift gekennzeichnet ist.

Eine geeignete Hervorhebung einer Abschnittsüberschrift ist zulässig, siehe 2.7.

Am Beginn einer Seite sind Abschnittsüberschriften nach mindestens vier Leerzeilen vom oberen Blattrand entfernt zu schreiben.

Überschriften, die nicht am Beginn einer Seite stehen, sind vom vorhergehenden Text durch mindestens eine Leerzeile zu trennen.

Überschriften sind vom nachfolgenden Text durch mindestens eine Leerzeile zu trennen.

Der Abstand einer Überschrift zum vorherigen Text beträgt 65 % des Schriftgrades ebenso wie der Abstand zum folgenden Text, auch wenn dieser selbst eine Überschrift ist.

Überschriften mit Abschnittsnummerierung beginnen an der Fluchtlinie.

Abschnitte erhalten gemäß DIN 1421 arabische Zählnummern, für die wahlweise gilt (siehe auch 3.5.4.4):

a)   Die Abschnitte der ersten Stufe werden in Abschnitte der weiteren Stufe unterteilt und benummert, z. B. 2, 2.1, 2.1.1. Diese Unterteilung soll in der dritten Stufe enden, damit die Abschnittsnummern noch übersichtlich, gut lesbar und leicht ansprechbar bleiben.

b)   Alle Abschnitte in einem Text werden fortlaufend nur mit Abschnittsnummern der ersten Stufe benummert.

In einer Abschnittsnummer ist nur zwischen zwei Stufen ein Punkt (.) als Gliederungszeichen zu setzen; am Ende einer Abschnittsnummer steht kein Punkt.

Der Abschnittsnummer folgen mindestens zwei Leerzeichen; in mehrzeiligen Abschnittsüberschriften beginnen Folgezeilen an der neuen Fluchtlinie.

Falls der erste Abschnitt in einer Stufe allgemein gültige Angaben (z. B. eine Einleitung, Präambel) enthält, dann darf hierfür die Zählnummer „0" belegt werden.

2.2 Gliederungsbestandteile

... enthält eine kurze Darstellung der Bestandteile der Gliederung
und der Bestandteile der Anschrift.

2.2.1 Texte übersichtlich gliedern und
       darstellen

Der gedankliche (innere) Aufbau eines Textes kommt erst dann zur
vollen Wirkung, wenn er auch durch die äußere Gestaltung für den
Leser sofort sichtbar ist. Umgekehrt ...

Überschriften ohne Abschnittsnummerierung dürfen auch zentriert werden (diese
Möglichkeit ist in DIN 5008 nicht angeführt).

ZEILENABSTAND

Es wird mit Zeilenabstand 1 (einzeilig) geschrieben. Schriftstücke
besonderer Art (Berichte u. Ä.) dürfen mit größerem Zeilenabstand
geschrieben werden.

ANSCHRIFTFELD

Anschriften werden im Anschriftfeld aller Schriftstücke und auf
Briefhüllen in gleicher Anordnung geschrieben. Satzzeichen innerhalb einer Anschriftzeile ...

2.6   Inhaltsverzeichnisse und Übersichten

Alle Abschnittsnummern beginnen an derselben Fluchtlinie. Die Abschnittsüberschriften – auch mehrzeilige – beginnen an einer weiteren Fluchtlinie. Nach Abschnittsnummern folgt der Abstand von mindestens zwei Leerzeichen.

Siehe auch 3.5.4.4

```
Inhalt

1       Einführung in das Gebiet der Organisation

2       Grundbegriffe
2.1     Begriffe, Organisation, Büro und Verwaltung
2.2     Organisation des Geschehens in Produktion
        und Verwaltung
2.3     Arbeitssysteme
2.4     Umfang des Organisierens
2.4.1   Art und Gegenstand organisatorischer
        Tätigkeiten
2.4.2   Aufgaben und Durchführung

3       Ideenfindung
3.1     Grundlagen
3.2     Kreativität
```

2.7 Hervorhebungen

Hervorhebungen sind möglichst sparsam einzusetzen, Kombinationen sind erlaubt. Hervorgehoben wird z. B. durch Unterstreichung, Großbuchstaben, Fettschrift, Kursivschrift, Kapitälchen, Wechsel der Schriftart, Zentrierung, Freistellung und Einrückung. *Satzzeichen innerhalb und am Ende einer Hervorhebung werden einbezogen.*

2.7.1 Einrücken und Zentrieren

Eingerückte und zentrierte Textteile werden vom vorausgehenden und vom folgenden Text durch je eine Leerzeile abgesetzt.

Eingerückte Textteile beginnen vorzugsweise an der 20. Schreibstelle (Tabulatorposition) ab der Fluchtlinie. Vor und nach dem eingerückten Textteil ist eine Leerzeile zu setzen.

Eingerückte Textteile beginnen 25,4 mm von der Fluchtlinie bei normgemäßer Einstellung des linken Seitenrandes auf 24,1 mm bzw. bei 49,5 mm von der linken Blattkante. Vor und nach jedem eingerückten und zentrierten Textteil ist ein Abstand zum vorhergehenden und nachfolgenden Text von 65 % des Schriftgrades sicherzustellen.

Ihre Anfrage, wie z. B. wichtige mehrzeilige Informationen optisch aus dem restlichen Text hervorgehoben werden können, beantworten wir mit folgendem Beispiel:

Sie können wichtige Textpassagen 10 Schreibschritte ab der Fluchtlinie einrücken, wobei vor und nach dem eingerückten Text jeweils eine Leerzeile zu setzen ist.

Das DIN Deutsches Institut für Normung e.V. steht Ihnen auch in Zukunft mit Auskünften gern zur Verfügung.

Ihre Anfrage, wie z. B. wichtige mehrzeilige Informationen optisch aus dem restlichen Text hervorgehoben werden können, beantworten wir mit folgendem Beispiel:

Sie können wichtige Textpassagen zentrieren, wobei vor und nach dem eingerückten Text jeweils eine Leerzeile zu setzen ist.

Das DIN Deutsches Institut für Normung e.V. steht Ihnen auch in Zukunft mit Auskünften gern zur Verfügung.

2.7.2 Unterstreichen

Zu unterstreichen ist mit dem Grundstrich vom ersten bis zum letzten Zeichen des hervorzuhebenden Textteiles ohne Veränderung der Schreibzeile. Ein nachfolgendes Satzzeichen ist ebenfalls zu unterstreichen.

Wir überlassen Ihnen das Buch 10 Tage zur Ansicht.

Wir erheben keinen Einspruch, weil ...

Eine junge Dame, die diese Anforderungen erfüllt, findet in der Rechtsabteilung unseres Unternehmens eine interessante und gut bezahlte Tätigkeit als

Assistentin des Abteilungsleiters.

Sie übernimmt eine verantwortungsvolle Tätigkeit. Praktische Erfahrungen in einem Anwaltsbüro wären von Vorteil, sind jedoch nicht Bedingung.

Anführungszeichen und Klammern sind nur dann zu unterstreichen, wenn der ganze zwischen Anführungszeichen stehende oder eingeklammerte Wortlaut zu unterstreichen ist.

Die Bestimmung steht im "Einkommensteuergesetz". Daher ...

48

> Das heutige Währungssystem ist durch <u>flexible Wechselkurse</u> (im
> Gegensatz zu den ehemals <u>festen Wechselkursen</u>) gekennzeichnet.

2.7.3 Fettschrift

> Wir erheben **keinen Widerspruch**, weil ...

2.7.4 Großbuchstaben

> Wir erheben KEINEN WIDERSPRUCH, weil ...

2.7.5 Kursivschrift

> Das heutige Währungssystem ist durch *flexible* Wechselkurse (im
> Gegensatz zu den ehemals *festen* Wechselkursen) gekennzeichnet.

2.7.6 Kapitälchen

> Wir überlassen Ihnen das Buch 10 TAGE ZUR ANSICHT.

2.7.7 Wechsel der Schriftart

> Herr Alfred Kern ist Mitinhaber der Firma ALFRED KERN & SOHN.

2.7.8 Freistellen

Vor und nach dem hervorzuhebenden Textteil ist eine Leerzeile *(Abstand 65 %
des Schriftgrades)* zu setzen. Dieser Textteil beginnt an der Fluchtlinie.

> Liefern Sie bitte sofort zu Ihren üblichen Bedingungen per Bahnex-
> press an unser Zweitwerk II:
>
> 10 000 Stück Distanzecken, EUR 1.365,--/1000 + 20 % USt.
>
> Wir erwarten Ihre Auftragsbestätigung per Telefax. Vielen Dank im
> Voraus für eine rasche Erledigung!

2.8 Fußnoten

Fußnoten-Hinweiszeichen sind hochgestellte Zahlen aus arabischen Ziffern. Vor
dem Fußnoten-Hinweiszeichen wird kein Leerzeichen gesetzt. Bei mehrseitigen

Texten sind die Fußnoten über alle Seiten hinweg fortlaufend zu nummerieren. Bei höchstens drei Fußnoten können auch Sonderzeichen (z. B. Sterne) verwendet werden. Eine Schlussklammer wird nicht gesetzt.

Die entsprechenden Fußnoten werden jeweils unten auf die Seite geschrieben, auf der im Text auf sie verwiesen ist. Sie werden mit dem Fußnotenstrich (bei Schreibmaschinen 10 Grundstriche „_") abgegrenzt, mit dem einfachen Grundzeilenabstand wie Absätze geschrieben und mit dem entsprechenden Fußnoten-Hinweiszeichen gekennzeichnet.

Vor dem Fußnotenstrich muss mindestens eine Leerzeile stehen. Auch bei nicht mit Text gefüllten Seiten werden Fußnotenstrich und Fußnoten am Fuß der Seite geschrieben.

Wird die gleiche Fußnote auf einer Folgeseite wieder benötigt, so trägt sie die gleiche Zahl. Der Text der Fußnote ist entweder zu wiederholen, oder es ist auf die erstmalige Anführung zu verweisen, z. B. auf Seite 9: „[1] Siehe Seite 8".

```
Die Absatzlage wird sich in diesem Jahr verbessern. Die Lager wer-
den aufgefüllt, und die Exporte steigen vermutlich etwas an. Kri-
tische Stimmen[1] warnen vor längeren Lieferfristen.
```
```
[1] Marktanalyse der Fachzeitschrift "Der Computermarkt"
```

```
Der innerbetriebliche Posteingang zieht folgende Arbeitsabläufe[1]
nach sich:

1. Öffnen
2. Entnehmen des Inhalts und Leerkontrolle[2]
3. Stempeln
4. Sortieren und Verteilen

Vereinfachungen dieser Arbeitsabläufe sind beispielsweise möglich
durch:

- Brieföffnungsmaschinen
- Durchleuchtungsanlagen (zur Leerkontrolle)
- Stempelapparate
- möglichst rationelle Sortierung (Aktenkörbe, Aktenwagen usw.)
```
```
[1] Brück, Hoja u. a.: Funktionelle Bürowirtschaft
[2] Zwischen den Phasen 2 und 3 liegt in einigen Bürosystemen be-
   reits die mehrere Arbeitsgänge umfassende Phase: Verfilmung
   des eingehenden und Kontrolle des verfilmten Schriftgutes.
```

> ... Der Unterschied liegt darin, wie das gesamte Unternehmensmanagement in den F&E-Prozess eingebunden ist[*].
>
> ---
>
> [*] Siehe Lowel W. Steel, „Selecting R&D Programs and Objectives", Research Technology Management, 1983.

In Tabellen werden die Fußnoten am Ende der Tabelle geschrieben. Bei der Nummerierung der Fußnoten ist die Reihenfolge nach Zeilen derjenigen nach Spalten vorzuziehen.

Fußnoten in Form eines vollständigen Satzes beginnen mit Großbuchstaben und enden mit einem Punkt.

Produktfamilie	Bezeichnung	Stückpreis in EUR
Tafelservice	Vera, 22-teilig	110,00[*]
	Gerda, 20-teilig	120,00[**]
Kaffeeservice	Inge, 9-teilig	50,00[*]
	Ida, 9-teilig	70,00[**]

[*] Bei Kauf von 10 Stück wird ein Set gratis dazugegeben.
[**] Bei Kauf von 20 Stück wird ein Set gratis dazugegeben.

2.9 Tabellen

2.9.1 Allgemeines

Eine Tabelle ist eine Darstellung von Informationen in mehreren Spalten und Zeilen. Eine Tabelle besteht in der Regel aus einer Überschrift, einem Tabellenkopf, einer Vorspalte und Feldern.

Weiter gehende Regelungen, speziell für statistische Tabellen, sind der DIN 55301 zu entnehmen.

2.9.2 Positionierung

Tabellen sollten einschließlich ihres Rahmens innerhalb der Seitenränder stehen und zentriert zwischen den Seitenrändern ausgerichtet werden. Zwischen Tabelle und vorangehendem und nachfolgendem Text ist mindestens eine Leerzeile zu setzen.

Eine Tabelle sollte vollständig auf einer Seite stehen. Ist dies nicht möglich, muss der Tabellenkopf auf der Folgeseite wiederholt werden.

2.9.3 Überschrift

Jede Tabelle hat eine Überschrift, die auch in den Tabellenkopf integriert werden darf. Auf die Überschrift darf verzichtet werden, wenn der Inhalt der Tabelle aus dem vorangehenden Text hervorgeht.

2.9.4 Tabellenkopf und Vorspalte

Der Tabellenkopf enthält alle Spaltenbezeichnungen und bei Bedarf eine Kopf-bezeichnung. Die Vorspalte einer Tabelle enthält die Vorspaltenbezeichnung und alle Zeilenbezeichnungen.

Tabellenköpfe sind durch waagerechte und senkrechte Trennungslinien über-sichtlich zu gliedern (in der Regel Linien gleicher Breite).

Die Spaltenbeschriftungen im Tabellenkopf sollten zentriert werden. Die Vorspal-te sollte linksbündig beschriftet werden. Bei statistischen Tabellen sollten die Einheiten Teil der Spaltenbezeichnung sein.

Zeitangaben sollten im Tabellenkopf von links nach rechts bzw. in der Vorspalte von oben nach unten aufgeführt werden.

2.9.5 Felder

Felder werden mit einem Mindestabstand von 1 mm zur senkrechten Linie be-schriftet. Zwischen Text- und Feldbegrenzung sollte oben und unten ein gleich-mäßiger Zeilenabstand festgelegt werden.

Texte in Feldern sollten linksbündig, Zahlen in Feldern rechtsbündig ausgerichtet werden. Ausnahme: Bei einer unterschiedlichen Anzahl von Stellen hinter dem Komma sind die Zahlen dezimalstellengerecht auszurichten (Beispiel: Umrech-nungsfaktoren für den Euro).

Tabellen sind durch waagerechte und senkrechte Linien übersichtlich zu gliedern; dabei sollten waagerechte Linien nur über Summenzeilen und zur Gruppierung verwendet werden. Zur besseren Lesbarkeit (auch zur optischen Trennung von Zeilen) dürfen andere Formatierungsmöglichkeiten, z. B. Hintergrundschattierun-gen, eingesetzt werden.

Serifenschriften, z. B. Times New Roman, sollten in statistischen Tabellen ver-mieden werden, weil sie hier nicht so gut lesbar sind.

Der Platzmangel verlangt weit gehende Verwendung der gebräuchlichen Abkür-zungen. Im Tabellenkopf und möglichst auch in der Vorspalte sind Sätze mit einem Zeitwort zu vermeiden – sofern nicht Verständlichkeit oder Sprachreinheit darunter leiden – und durch Hauptwörter oder hauptwörtlich gebrauchte Wörter zu ersetzen. Zum Beispiel ist statt „Je 1000 Einwohner sind beschäftigt" zu schreiben „Beschäftigte je 1000 Einwohner".

Überschrift

Kopfbezeichnung Vorspaltenbezeichnung	Spaltenbezeichnung	Gemeinsame Spaltenbezeichnung		
		Spaltenbezeichnung	Spaltenbezeichnung	←Tabellenkopf
Zeilenbezeichnung		Feld bzw. Zelle oder nach DIN 55301: Fach		← Zeile
Zeilenbezeichnung				
Zeilenbezeichnung				
Insgesamt	Summenzeile *(nicht immer vorhanden)*			

Vorspalte ↑   Spalte ↑

2.9.6   Anwendungsbeispiele

Tischvorlage zu TOP 3 der Sitzung der Geschäftsleitung am 15. Nov. 2001

•
•

PC-Beratungscenter Bergmann GmbH
Umsatzentwicklung im 3. Quartal 2000

•

Verkaufs-bereich	2. Quartal	3. Quartal				Abweichung zum Vorquartal
		Juli	August	September	Summe	
Büroeinrich-tung	350.750 €	98.250 €	100.350 €	72.750 €	271.350 €	−22,64 %
EDV	475.000 €	227.000 €	180.500 €	185.000 €	592.500 €	24,74 %
Schulung	125.000 €	48.000 €	37.500 €	50.000 €	135.500 €	8,40 %
Insgesamt	**950.750 €**	**373.250 €**	**318.350 €**	**307.750 €**	**999.350 €**	5,11 %

**Bild 18 – Anwendungsbeispiel, Tabelle ohne vorausgehenden Text,
z. B. für eine Besprechung oder Anlage zu einem Brief**

Im 3. Quartal des laufenden Geschäftsjahres ist es gelungen, den Umsatz gegenüber dem Vorquartal zu steigern. Doch bei näherer Betrachtung zeigt sich auch ein Bereich, der Anlass zu Sorgen gibt:

•

Verkaufs-bereich	2. Quartal	3. Quartal				Abweichung zum Vorquartal
		Juli	August	September	Summe	
Büroeinrich-tung	350.750 €	98.250 €	100.350 €	72.750 €	271.350 €	−22,64 %
EDV	475.000 €	227.000 €	180.500 €	185.000 €	592.500 €	24,74 %
Schulung	125.000 €	48.000 €	37.500 €	50.000 €	135.500 €	8,40 %
Insgesamt	**950.750 €**	**373.250 €**	**318.350 €**	**307.750 €**	**999.350 €**	**5,11 %**

•

Um die seit gut einem halben Jahr rückläufige Entwicklung bei Büroeinrichtungen zu stoppen, sind bei allen Beratungs- und Verkaufsgesprächen verstärkt Komplettlösungen anzubieten.

**Bild 19 – Anwendungsbeispiel, Tabelle mit vorausgehendem Text,
z. B. innerhalb eines Schreibens oder Quartalberichts**

Im 3. Quartal des laufenden Geschäftsjahres ist es gelungen, den Umsatz gegenüber dem Vorquartal zu steigern. Doch bei näherer Betrachtung zeigt sich auch ein Bereich, der Anlass zu Sorgen gibt:

-

Umsatzentwicklung im 3. Quartal des Geschäftsjahres 2000					
Verkaufs-bereich	2. Quartal	3. Quartal			Abweichung
		Juli	August	September	Summe	zum Vorquartal
Büroeinrich-tung	350.750 €	98.250 €	100.350 €	72.750 €	271.350 €	−22,64 %
EDV	475.000 €	227.000 €	180.500 €	185.000 €	592.500 €	24,74 %
Schulung	125.000 €	48.000 €	37.500 €	50.000 €	135.500 €	8,40 %
Insgesamt	**950.750 €**	**373.250 €**	**318.350 €**	**307.750 €**	**999.350 €**	**5,11 %**

-

Um die seit gut einem halben Jahr rückläufige Entwicklung bei Büroeinrichtungen zu stoppen, sind bei allen Beratungs- und Verkaufsgesprächen verstärkt Komplettlösungen anzubieten.

Bild 20 – Anwendungsbeispiel, Tabelle mit vorausgehendem Text und integrierter Überschrift, z. B. innerhalb eines Schreibens oder Quartalberichts

2.10 Bilder

Bei mehrseitigen Texten sind Bilder über alle Seiten hinweg fortlaufend zu nummerieren.

Vor der Bildnummer sind die Wortangabe „Bild" und ein Leerzeichen zu setzen. Eine Hervorhebung z. B. durch Fettschrift ist gestattet. Die Bildnummerierung kann zentriert oder linksbündig unter dem Bild stehen.

```
                                Bild 1
```

Ist eine Beschreibung der Abbildung notwendig, so folgen nach der Bildnummerierung ein Leerzeichen und ein Mittestrich, welcher gemeinsam mit der Bildnummerierung hervorgehoben werden kann, ein Leerzeichen und jener Text, welcher kurz und eindeutig das Bild beschreiben soll.

```
        Bild 1 – Vereinfachte Darstellung eines Gewindes

     Bild 2 – Schematische Darstellung der Entstehung eines
  Spektrogramms, L = weißes Licht, P = Prisma, K = Graukeil oder
              Grauskala, M = zu prüfendes Material
```

Notizen

3 Zeichen

3.1 Allgemeines

Zeichen aus dem Sonderzeichenvorrat von Textverarbeitungsprogrammen dürfen verwendet werden.

Beim elektronischen Datenaustausch ist der Zeichensatz des Empfängers zu berücksichtigen.

Die folgenden Abschnitte enthalten jedoch keine Festlegungen über die zum elektronischen Datenaustausch geeigneten Zeichensätze.

Zwischenräume entstehen durch Leerzeichen.

Je ein Leerzeichen (ein Anschlag der Leerzeichentaste) folgt nach ausgeschriebenen Wörtern und nach Abkürzungen, nach Zeichen, die ein Wort vertreten, nach ausgelassenen Textteilen, die durch Auslassungspunkte angedeutet sind, nach Zahlen und nach Satzzeichen.

Ausnahmen zu dieser Regel werden in den entsprechenden folgenden Abschnitten behandelt.

3.2 Schriftzeichen, die Wörter oder Wortteile ersetzen

3.2.1 Apostroph

Der Apostroph (Auslassungszeichen) ersetzt einen oder mehrere Buchstaben. Es ist darauf zu achten, dass nicht ´ (Accent aigu) bzw. ` (Accent grave) an Stelle des Apostrophs verwendet wird.

```
's war 'n ew'ger Fried' im Land.

Sind's Uhlands oder Claudius' Gedichte?
```

3.2.2 Auslassungspunkte

Drei ohne Leerzeichen aneinander gereihte Punkte ersetzen einen fehlenden Textteil. Vor und nach den drei Punkten ist je ein Leerzeichen zu setzen; ein allenfalls nachfolgender Schlusspunkt fällt mit dem dritten Punkt zusammen.

In vielen Textverarbeitungsprogrammen ist für die Auslassungspunkte bereits ein eigenes Zeichen „..." vorgegeben.

```
Der Kommissionär haftet ... für den Eingang der Rechnungsbeträge,
...

Er gab erst den Takt an: „Eins-zwei, eins-zwei ..." Dann ...
```

```
Sie trafen sich in Berlin ..., wo ...
```

Jedoch gilt für zu ergänzende Jahreszahlen:

```
20..
```

3.2.3   Zeichen für „bis"

Als Zeichen für „bis" ist der Mittestrich „–" zu verwenden, wobei vor und nach diesem je ein Leerzeichen zu setzen ist. In der Formulierung „von bis" oder in ganzen Sätzen soll das Zeichen für „bis" nicht verwendet, sondern das Wort „bis" ausgeschrieben werden.

Bei Textverarbeitungsprogrammen ist der verlängerte Mittestrich oder Gedankenstrich „–" anstatt des „-" zu setzen.

```
09:30 – 13:30 Uhr

von 9:30 bis 13:30 Uhr

3 – 4 EUR
```

Aber es gilt:

```
3- bis 4-mal
```

Bei Platzmangel in Vordrucken, etwa in der Bezugszeichenzeile, dürfen Leerzeichen wegfallen.

Schreibweise von Hausnummern siehe 1.6.1.

3.2.4   Zeichen für „und (et)"

Das Zeichen für et (kaufmännisches Und-Zeichen „&") darf nur im Zusammenhang mit einer Firmenbezeichnung verwendet werden, wobei vor und nach diesem Zeichen je ein Leerzeichen zu setzen ist.

```
Hans Müller & Söhne
Haus- und Küchengeräte
```

3.2.5   Zeichen für „at"

Das Zeichen für at („@") wird im Zusammenhang mit einer elektronischen Adresse (E-Mail) verwendet.

```
postmaster@din.de
```

3.2.6   Zeichen für „gegen"

Als Zeichen für „gegen" ist *der (in der Textverarbeitung verlängerte)* Mittestrich zu verwenden, wobei vor und nach diesem je ein Leerzeichen zu setzen ist.

```
Schalke 04 – Eintracht Frankfurt

Borussia Dortmund – Dynamo Dresden
```

Ebenso ist als Zeichen für „gegen" der Schrägstrich mit je einem ohne Leerzeichen vor- und nachgesetzten Punkt gültig. Vor dem ersten Punkt und nach dem letzten Punkt ist je ein Leerzeichen zu setzen. Dieses Zeichen wird z. B. in Schriftsätzen bei Rechtsstreitigkeiten verwendet.

```
Die Klage Weber ./. Hartmann
```

3.2.7   Zeichen für „Paragraf"

Das Zeichen für Paragraf darf nur in Verbindung mit Zahlen verwendet werden und ist wie das ersetzte Wort zu behandeln. Bei Bezug auf mehrere Paragrafen in Verbindung mit Zahlen sind zwei Paragrafzeichen ohne Leerzeichen dazwischen zu schreiben.

```
Nach § 36 BGB wird ...

In den §§ 3 – 5 der Verordnung ist dieser Fall geregelt.

Er verwies darauf, dass nur die §§ 8 und 10 dieses Gesetzes zu
berücksichtigen sind.

§ 6 Abs. 2 Satz 2
```

Jedoch gilt:

```
Das Gesetz umfasst 36 Paragrafen.
```

3.2.8   Zeichen für „Nummer(n)"

Das Zeichen für „Nummer(n)" (Raute) darf als Ersatz für das Wort „Nummer" nur in Verbindung mit Zahlen oder in bibliografischen Angaben verwendet werden und ist wie das ersetzte Wort zu behandeln.

```
Der Artikel # 687 ist nicht mehr lieferbar.

Die Artikel # 687 und 688 sind ...
```

3.2.9 Zeichen für „geboren" und für „gestorben"

Als Zeichen für „geboren" wird der Stern, für „gestorben" das Pluszeichen *(bei Textverarbeitungsprogrammen das „dagger"-Zeichen †)* verwendet, wobei vor und nach diesen je ein Leerzeichen zu setzen ist.

```
Hans Wolf, * 1932-05-12, + 2000-12-11
```
Hans Wolf, * 1932-05-12, † 2000-12-11

3.2.10 Durchmesserzeichen

Das Durchmesserzeichen darf nur in Verbindung mit Zahlen verwendet werden.

Bei Textverarbeitungsprogrammen ist das dafür vorgesehene Zeichen „Ø" zu verwenden.

Bei maschinengeschriebenen Texten ist es aus dem Großbuchstaben O und dem Schrägstrich zusammenzusetzen, wobei vor und nach dem Zeichen je ein Leerzeichen zu setzen ist.

Zwischen dem Durchmesserzeichen und der Zahl darf kein Zeilenumbruch erfolgen.

```
Er bestellte Steinzeug-Kanalrohre, Länge 100 cm, Ø 15 cm.
```

3.2.11 Wortergänzungen durch Mittestrich (Ergänzungsstrich)

Zum Ersatz von Wörtern oder Wortteilen ist der Mittestrich „-" zu verwenden; er ist wie der dadurch ersetzte Wortteil zu behandeln.

```
Ein- und Ausgang
Gepäckannahme und -ausgabe
Textilgroß- und -einzelhandel
1/2-, 2- und 4-prozentig
```

3.2.12 Hinweis auf eine Folgeseite

Am Fuß der beschrifteten Seite kann am rechten Rand durch drei Punkte „..." auf eine Folgeseite hingewiesen werden. Der Abstand zwischen Textende und den drei Punkten beträgt mindestens eine Leerzeile.

3.2.13 Schrägstrich

Als Zeichen für je (pro) ist der Schrägstrich zu verwenden, wobei vor und nach diesem kein Leerzeichen zu setzen ist.

Er fuhr mit einer Durchschnittsgeschwindigkeit von 75 km/h.

In diesem Bundesland leben im Durchschnitt 100 Einwohner/km^2.

Bei einem Jahreswechsel kann geschrieben werden:

2001/2002

3.2.14 Unterführungszeichen statt Wortwiederholung

Das Unterführungszeichen wird unter den ersten Buchstaben jedes zu unterführenden Wortes geschrieben. Die Unterführung gilt auch für Bindestrich und Komma. Ist mehr als ein Wort zu unterführen, so wird das Unterführungszeichen auch dann unter jedes einzelne Wort gesetzt, wenn die Wörter nebeneinander stehend ein Ganzes bilden.

Neustadt bei Coburg (Oberfranken)
Rodach   "   "   "

Berlin-Tegel | Kaffee-Ernte
"   Spandau | Tee-   "

Lux-Projektor, Modell 7
Rapid-Projektor, Modell I a
Heim- "   "   III b

Bei Nutzung von Proportionalschrift und beim Einsatz von Textverarbeitungsprogrammen ist die Verwendung von Unterführungszeichen in der Regel nicht sinnvoll.

Zahlen sind stets zu wiederholen. Nach dem Summenstrich darf nicht unterführt werden.

---

1 Regal,   30 cm x 80 cm, o. R.   95,00 EUR
1 "   50 " x 80 "   m. "   125,50 "
                                 220,50 EUR

3.3   Rechenzeichen

3.3.1   Additions- und Subtraktionszeichen

Als Additionszeichen wird das + (plus) und als Subtraktionszeichen das – (minus) verwendet.

Bei maschinengeschriebenen Texten bzw. wenn in der Textverarbeitung kein „Formel-Editor" verwendet wird, ist vor und nach dem Rechenzeichen je ein Leerzeichen zu setzen.

Vorzeichen (+, –) sind nur in Verbindung mit Zahlen zu verwenden. Zwischen Vorzeichen und Zahl ist kein Leerzeichen zu setzen.

```
12 + 8 = 20    22 - 6 = 16    19 - 21 = -2

Die Temperatur fiel innerhalb von
24 Stunden von +3 °C auf -5 °C.
```

3.3.2   Multiplikationszeichen

Als Multiplikationszeichen werden verwendet: . oder × oder · (mal).

Bei maschinengeschriebenen Texten bzw. wenn in der Textverarbeitung kein „Formel-Editor" verwendet wird, ist vor und nach dem Multiplikationszeichen je ein Leerzeichen zu setzen.

```
12 × 4 = 48    a . b = ab    a · b = ab
```

Das liegende Kreuz (der Kleinbuchstabe ×) wird in den Zahlenangaben für Flächenformate und für räumliche Abmessungen verwendet. Es steht jeweils zwischen zwei Längen (nicht nur zwischen deren Zahlenwerten). Nähere Informationen zu Formelschreibweise und Formelsatz gibt DIN 1338.

```
4,5 m x 5,2 m = 23,4 m²

3 mm x 3 mm x 80 mm
```

3.3.3   Divisionszeichen

Als Divisionszeichen wird verwendet: : (dividiert durch).

Bei maschinengeschriebenen Texten bzw. wenn in der Textverarbeitung kein „Formel-Editor" verwendet wird, ist vor und nach dem Divisionszeichen je ein Leerzeichen zu setzen.

```
72 : 6 = 12
```

3.3.4 Gleichheitszeichen

Als Gleichheitszeichen wird verwendet: = (ist gleich).

Bei maschinengeschriebenen Texten bzw. wenn in der Textverarbeitung kein „Formel-Editor" verwendet wird, ist vor und nach dem Gleichheitszeichen je ein Leerzeichen zu setzen.

```
19 + 10 = 29
```

3.3.5 Zeichen für „kleiner" und für „größer"

Als Zeichen für kleiner wird verwendet: <.

Als Zeichen für kleiner gleich wird verwendet: ≤.

Als Zeichen für größer wird verwendet: >.

Als Zeichen für größer gleich wird verwendet: ≥.

Bei maschinengeschriebenen Texten bzw. wenn in der Textverarbeitung kein „Formel-Editor" verwendet wird, ist vor und nach den Zeichen für kleiner und für größer je ein Leerzeichen zu setzen.

```
Einwohnerzahl < 10 000    a + 10 > 10   PLZ ≤ 21000   PLZ ≥ 20000
```

3.3.6 Prozent- und Promillezeichen

Das Prozentzeichen und das Promillezeichen dürfen nur in Verbindung mit Zahlen verwendet werden; sie sind wie das ersetzte Wort zu behandeln. Ist im Zeichensatz kein Promillezeichen vorhanden, so ist es entweder aus dem Prozentzeichen und dem Kleinbuchstaben o zusammenzusetzen oder aus dem Kleinbuchstaben o, dem Schrägstrich und zwei Kleinbuchstaben „o/oo". Werden Prozent- oder Promillezeichen bei Ableitungen verwendet, so entfällt das Leerzeichen.

```
Es ist eine Verzinsung von 3 1/4 % zu berücksichtigen.

Der Marktanteil konnte auf 15 % erhöht werden.

Er verwendete für dieses Experiment eine 10%ige Lösung.

die 5%-Klausel, eine 10%-Grenze

Er erhielt für die Vermittlung eine Provision von 5 %.

Die 8%o-Grenze wurde nicht überschritten.

Die Abweichung betrug 2 o/oo gegenüber dem Vorjahr.
```

3.3.7 Bruchstrich

Beim maschinengeschriebenen Text ist als Bruchstrich der Schrägstrich oder der Grundstrich zu verwenden (siehe 3.5.3).

Bei der Verwendung eines Textverarbeitungsprogramms ist entweder ein „Formel-Editor" oder der Schrägstrich als Bruchstrich zu verwenden.

3.3.7.1 Schrägstrich als Bruchstrich

Vor und nach dem Schrägstrich ist kein Leerzeichen zu setzen.

```
Die Tantiemenaufteilung ist wie folgt geregelt: 1/3 für den Vor-
sitzenden, 1/5 für den Stellvertreter, der Rest zu gleichen Teilen
für die übrigen Mitglieder.
```

Bei gemischten Zahlen ist zwischen der ganzen Zahl und dem Bruch ein Leerzeichen zu setzen.

```
Die Verzinsung lag bei 3 5/8%.
```

Bei Textverarbeitungsprogrammen können Sonderzeichen z. B. für ½ und ¾ zur Verfügung stehen.

3.3.7.2 Grundstrich als Bruchstrich

Der Grundstrich ist um eine halbe Zeilenschaltung höher zu schreiben. Er hat mit dem ersten Schriftzeichen des Bruches zu beginnen und mit dem letzten Schriftzeichen des Bruches zu enden. Vor und nach Zeilen mit Brüchen, die mit dem Grundstrich gebildet werden, sind 1 1/2 Zeilenschaltungen zu setzen.

```
Der Wert des Bruches bleibt unverändert, wenn man Zähler und Nen-
ner mit derselben Zahl multipliziert. Wird beispielsweise der
Bruch  7/15  mit 9 erweitert, so ergibt dies  63/135 . Man spricht vom
Erweitern eines Bruches.
```

Der Wert des Bruches bleibt unverändert, wenn man Zähler und Nenner mit derselben Zahl multipliziert. Wird beispielsweise der Bruch $\dfrac{7}{15}$ mit 9 erweitert,

so ergibt dies $\dfrac{63}{135}$. Man spricht vom Erweitern eines Bruches.

$$\frac{850 \cdot 6}{25} = 34 \cdot 6 = 204$$

$$\frac{850 \cdot 6}{25} = 34 \cdot 6 = 204$$

Die Verwendung eines Grundstriches als Bruchstrich ist in der Textverarbeitung nicht gestattet. Stattdessen ist eine Software oder ein Modul des Textverarbeitungsprogramms zu verwenden, das die Erstellung von Formeln unterstützt.

3.3.8   Verhältniszeichen

Als Verhältniszeichen ist der Doppelpunkt zu verwenden, wobei vor und nach diesem je ein Leerzeichen zu setzen ist.

```
Der Plan ist im Maßstab 1 : 100 000 gezeichnet.

Das Mischungsverhältnis beträgt 3 : 5.
```

3.3.9   Exponenten und Indizes

Siehe 3.6

Das Potenzieren wird durch das Hochstellen des Exponenten (siehe 3.6.4) dargestellt. Von der Verwendung eines Rechenzeichens in Anlehnung an eine Programmiersprache (z. B. ** in FORTRAN) wird abgeraten.

3.4   Schriftzeichen, die keine Wörter oder Wortteile ersetzen

3.4.1   Abkürzungspunkt

Für die Schreibweise von Abkürzungen siehe Anhang A.

Vor einem Abkürzungspunkt ist kein Leerzeichen zu setzen; nach dem Abkürzungspunkt ist ein Leerzeichen zu setzen, sofern nicht eine andere Regel dagegenspricht.

```
Dipl.-Holzw. G. Hutflesz     Dr. Helmut Schaufler
```

Ein auf eine Abkürzung allenfalls folgender Schlusspunkt fällt mit dem Punkt der Abkürzung zusammen, nicht aber die Auslassungspunkte (siehe 3.2.2).

```
Dipl.-Ing., Dipl.-Volksw. ...
```

Folgen zwei oder mehrere Abkürzungen aufeinander, so werden sie mit einem Leerzeichen geschrieben.

```
i. A.    z. B.    d. M.    u. a. m.    u. Ä.
```

Jedoch gilt:

```
usw.   usf.
```

Beim Ausfüllen von Vordrucken (Formularen) kann bei Platzmangel das Leerzeichen zwischen Abkürzungspunkt und folgendem Zeichen entfallen.

Abkürzungen, die wie selbstständige Wörter oder buchstäblich gesprochen werden, sind ohne Punkt und in sich ohne Leerzeichen zu schreiben.

```
UNICEF   Kfz   BGB   AG   OHG   GmbH
```

3.4.2   Diakritische Zeichen

Diakritische Zeichen sind Zeichen für besondere Aussprache.

Bei maschinengeschriebenen Texten kann das Zeichen ˆ (Accent circonflexe) aus ´ (Accent aigu) und ` (Accent grave) zusammengesetzt werden, für das Zeichen ¸ (Cedille) wird das Kommazeichen verwendet.

```
crédit, chèque, città, même; français; Triëder; señor
```

3.4.3   Anführungszeichen

Vor dem Anfangs- und nach dem Schlussanführungszeichen ist je ein Leerzeichen zu setzen. Nach dem Anfangs- und vor dem Schlussanführungszeichen ist kein Leerzeichen zu setzen.

Innerhalb eines unter Anführungszeichen stehenden Textes ist als weiteres (halbes) Anführungszeichen der Apostroph zu verwenden.

```
Er las die Zeitung "Der Techniker".

Er las die Zeitung „Der Techniker".

Der Kunde M. fragt an: "Wann werden die Modelle 'Wien' und 'Paris'
geliefert?"

Hast du gesagt: "Wer war das?"?

Sag ihm: "Er muss kommen!"!
```

3.4.4 Kopplung und Aneinanderreihung durch Mittestrich (Bindestrich)

Zur Verbindung oder Gliederung von Wörtern sowie zur Verbindung von Abkürzungen mit Wörtern oder von Zahlen mit Wörtern ist der Mittestrich ohne Leerzeichen zu verwenden.

```
Er fuhr nach Hamburg-Altona.

Sie war bei einer Haftpflicht-Versicherungsgesellschaft.

In der kalten Jahreszeit nimmt der Verkauf von Produkten mit hohem
Vitamin-C-Gehalt zu.

Das neue Modell ist mit einem 6-Zylinder-Motor ausgestattet.

Das alte Modell besaß einen 4-zylindrigen Motor.

Der Chemiker entsorgte die 50-prozentige Natronlösung.

Nach 8-jährigem USA-Aufenthalt kehrte er zurück.

Die Ausbildung führte sie an das Max-Planck-Institut.

Tee-Ei, Druck-Erzeugnisse, öffentlich-rechtlich, A4-Format
```

Vor Nachsilben wird nur dann ein Bindestrich gesetzt, wenn sie mit einem Einzelbuchstaben verbunden werden.

```
                    der x-te, die n-te Potenz
```

Kein Bindestrich ist zu setzen, wenn Ziffern nur mit Suffixen (= „Nachsilben") zusammengesetzt werden.

```
                    8fach, 42%ig, 1982er
```

3.4.5 Gedankenstrich

Als Gedankenstrich ist der Mittestrich oder der Halbgeviertstrich zu verwenden, wobei vor und nach diesem je ein Leerzeichen zu setzen ist. Satzzeichen (z. B. Komma, Doppelpunkt) folgen dem zweiten Gedankenstrich ohne Leerzeichen.

```
Art und Ausführung des Schriftstücks - auch
einer kurzen Mitteilung - kennzeichnen den
Absender.

Er verließ - im Gegensatz zu Paul - seine Hei-
matstadt.
```

```
Ich fürchte - hoffentlich zu Unrecht! -, dass
...
```

3.4.6 Klammern

Vor der Anfangs- und nach der Schlussklammer ist je ein Leerzeichen zu setzen; nach der Anfangs- und vor der Schlussklammer ist kein Leerzeichen zu setzen.

3.4.6.1 Runde Klammern

```
Die Frachtgebühren (420,50 EUR) sind innerhalb von 3 Tagen zu be-
zahlen.
```
```
Frankfurt (Oder)
```

Die Leerzeichen vor der Anfangs- und nach der Schlussklammer entfallen bei Klammern im Wortinneren.

```
Gemeinde(amts)vorsteher
```

Klammern können auch zum Zusammenfassen mehrerer Zeilen verwendet werden. In diesem Fall ist zwischen Klammer und dem nächststehenden Wortanfang oder Wortende ein Leerzeichen zu setzen.

```
Montag      )
Mittwoch    ) Ordination 15:00 - 17:00 Uhr
Donnerstag  )
```
```
              ( Leitung
              ( Buchführung
Vertriebs-    ( Kontrolle
              ( Korrespondenz
```

In Gliederungen mit Kleinbuchstaben ist die Schlussklammer zu verwenden.

```
a) Vorname
b) Nachname
c) ...
```

Absatznummern sind vorzugsweise einzuklammern.

3.4.6.2 Eckige Klammern, Spitzklammern und geschwungene Klammern

```
Sieb[en]tens, Zitat: "Die Theateraufführung [gemeint ist die Ver-
anstaltung am 2001-04-11] war sehr beeindruckend."

Die Tasten <Entfernen> und <Einfügen> sind Funktionstasten des
Editierbereichs.
```

Eckige Klammern, Spitzklammern und geschwungene Klammern können zur Abstufung gegenüber runden Klammern dienen.

```
Mit dem Wort "Bankrott" (vom italienischen "banca rotta" [zusam-
mengebrochene Bank]) bezeichnet man die Zahlungsunfähigkeit.
```

In lexikalischen Werken dienen die Klammern auch zur Merkmalsklassifizierung: In eckigen Klammern steht die Aussprache, in Spitzklammern die Herkunftssprache und in runden Klammern die Bedeutung.

```
Spot [ßpot], der; -s, -s <engl.> (Werbekurzfilm)
```

Je nach Zeichenumfang der Textverarbeitung sind an Stelle der runden Klammer beim Zusammenfassen mehrerer Zeilen sinngemäß die Klammerkomponenten ⌊, ⟨, ⌈, ⌉, ⟩, ⌋ *zu verwenden.*

Montag ⎫	
Mittwoch ⎬	Ordination 15:00 – 17:00 Uhr
Donnerstag ⎭	

3.4.7 Punkt, Komma, Semikolon, Doppelpunkt, Fragezeichen und Ausrufezeichen

Punkt, Komma, Semikolon, Doppelpunkt, Fragezeichen und Ausrufezeichen folgen dem Wort oder Schriftzeichen ohne Leerzeichen. Nach diesen Zeichen ist ein Leerzeichen zu setzen, außer es folgt ein Schlussanführungszeichen oder eine Schlussklammer.

Der Abkürzungspunkt und die Auslassungspunkte am Satzende schließen den Satzschlusspunkt mit ein.

3.4.7.1 Punkt

```
"Leb wohl!" Bei diesen Worten reichte er mir die Hand. Nun trenn-
ten sich unsere Wege.
```

3.4.7.2 Komma

```
Im Rahmen der Rationalisierung ist vor allem zu prüfen, durch wel-
che Maßnahmen Kosten gesenkt werden können.
```

3.4.7.3 Semikolon

```
Der plötzlich drohende Zusammenstoß wurde vermieden; daher atmete
jeder dankbaren Herzens auf.
```

3.4.7.4 Doppelpunkt

```
Das Thema des Vortrages lautet: "Die Grenzen der Werbung".
```

3.4.7.5 Fragezeichen

```
Warum hat er nichts dagegen unternommen? Er wurde doch immer wie-
der auf dieses Problem hingewiesen.
```

3.4.7.6 Ausrufezeichen

```
"Na! Na! So passen Sie doch auf!", tönte es mir entgegen.
```

3.4.8 Worttrennung durch Mittestrich (Worttrennungsstrich)

Zum Abteilen von Wörtern ist der Mittestrich ohne Leerzeichen an den vorangehenden Wortteil anzuschließen. Mehr als fünf aufeinander folgende, mit einem
Abteilungszeichen schließende Zeilen sollten vermieden werden.

```
Er arbeitet zufrieden als Sachbearbeiter in einer Versiche-
rungsgesellschaft. In seiner Freizeit leistet er Hilfe in sei-
ner Pfarrgemeinde.
```

3.4.9 Zeichen in Streckenangaben

Als Zeichen in Streckenangaben ist der verlängerte Mittestrich oder Gedankenstrich zu verwenden, wobei vor und nach diesem je ein Leerzeichen zu setzen ist.

```
Der Zug fährt die Strecke Hamburg - Hannover - München.
```

3.4.10 Schrägstrich als Trennungsstrich

Vor und nach dem Schrägstrich als Trennungsstrich ist kein Leerzeichen zu setzen.

```
Herr Haasse arbeitet in der Abteilung DMF 412/21.

Die Schreibweise des Datums und/oder der Tageszeit ist in
DIN EN 28601 geregelt.

Wir ersuchen um Bezahlung der Rechnung 286/91.
```

Bei der Angabe der Nummer einer Wohnung in einem Haus wird als Trennungsstrich ein doppelter Schrägstrich verwendet. Vor und nach diesen ist ein Leerzeichen zu setzen.

```
Er wohnt in Parkallee 14 // W 182.
```

3.5 Zahlengliederungen und Zahlenaufstellungen

3.5.1 Allgemeines

Im Fließtext sind vorzugsweise die Zahlen eins bis zwölf in Buchstaben, die Zahlen von 13 aufwärts in Ziffern auszudrücken.

Zahlen unter 13 werden in Ziffern ausgedrückt, wenn sie in Verbindung mit Einheiten stehen und wenn es wegen besserer Übersichtlichkeit zweckmäßig erscheint.

Auf eine einheitliche Schreibweise ist Bedacht zu nehmen.

3.5.2 Dezimale Teilung

In Dezimalzahlen ist als Dezimalzeichen das Komma zu verwenden. Vor und nach dem Dezimalzeichen darf kein Leerzeichen gesetzt werden.

80,67 EUR	0,67 €	0,05 €
7,51 m	0,5 m	9,667 kg

Bei ganzen Zahlen, runden Zahlen oder ungefähren Werten dürfen das Dezimalzeichen und nachfolgende Nullen entfallen.

50.000 EUR	365	10
über 48.000 EUR Einkommen		40 000 km
Preis: ungefähr 8 EUR		

3.5.3 Bruchzahlen und gemischte Zahlen

3.5.3.1 Bruchzahlen

Wird als Bruchstrich ein Schrägstrich verwendet, so sind Zähler und Nenner in gleicher Höhe zu schreiben. Vor und nach dem Schrägstrich ist kein Leerzeichen zu setzen.

Bei manchen Textverarbeitungsprogrammen werden Sonderzeichen z. B. für ½ und ¼ zur Verfügung gestellt. Zähler und Nenner müssen in diesem Fall nicht in gleicher Höhe geschrieben werden.

5/6	11/12	29/360

Wird als Bruchstrich der Grundstrich (nur zulässig bei maschinengeschriebenen Texten) verwendet, so ist der Zähler um eine halbe Zeilenschaltung höher und der Nenner um eine halbe Zeilenschaltung tiefer zu schreiben. Vor und nach solchen Brüchen liegende Rechenzeichen bleiben in der ursprünglichen Zeilenhöhe.

Der Abstand zur vorangehenden und zur nachfolgenden Zeile beträgt 1 ½ Zeilenschaltungen (siehe 3.3.7.2).

Wird in der Textverarbeitung mittels Formel-Editor eine Bruchzahl in den Fließtext eingebunden, so ist auf einen einheitlichen Zeilenabstand Wert zu legen. Für Zähler und Nenner ist ein gegenüber dem Fließtext geringerer Schriftgrad gestattet, solange die Mindestschrifthöhe nicht unterschritten wird. Wird die Mindestschrifthöhe unterschritten, ist entweder als Bruchstrich der Schrägstrich zu verwenden oder im Falle einer Gleichung diese als eigener Absatz zu schreiben.

Zähler und Nenner sind nach Möglichkeit zueinander zu zentrieren; der Bruchstrich beginnt mit dem ersten Zeichen und endet mit dem letzten Zeichen des Bruches.

$Z = \dfrac{K \cdot p \cdot t}{100}$	$B = \dfrac{(13x + 1) \cdot 18y}{4} + 5$

3.5.3.2 Gemischte Zahlen

Bei gemischten Zahlen ist zwischen der ganzen Zahl und dem folgenden Bruch ein Leerzeichen zu setzen. Ein Zeilenumbruch zwischen der ganzen Zahl und dem folgenden Bruch ist nicht zulässig.

1 5/6	3 11/12	15 29/360

3.5.4   Gliederung von Zahlen

Zahlen mit mehr als drei Stellen links oder rechts des Kommas dürfen durch je ein Leerzeichen oder einen Punkt in dreistellige Gruppen gegliedert werden (Gliederung von Geldbeträgen siehe 3.5.4.1). Ein Zeilenumbruch in der Gliederung ist nicht zulässig.

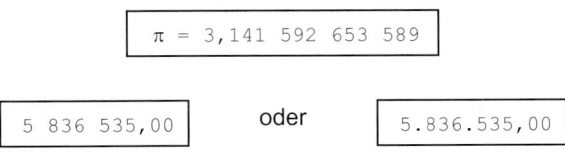

$\pi = 3,141\ 592\ 653\ 589$

5 836 535,00   oder   5.836.535,00

3.5.4.1   Geldbeträge

Geldbeträge mit mehr als drei Stellen können, vom Dezimalzeichen ausgehend, durch jeweils einen Punkt in Gruppen zu je drei Ziffern gegliedert werden.

Die Währungsbezeichnung kann entweder vor oder auch nach dem Betrag stehen; es darf unterführt werden. In fortlaufendem Text sollte sie hinter dem Betrag stehen.

270,00 EUR	EUR 270,00
0,05 EUR	EUR 0,05
270,00 €	€ 270,00

Die internationale Schreibung für Währungseinheiten entsprechend ISO 4217 ist vorzugsweise anzuwenden (siehe Anhang C, Tabelle C.1).

| USD 7,65 | CHF 0,50 |
| JPY 100.000 | RUR 2.500.000 |

Allgemein ist für Codes für Ländernamen die DIN EN ISO 3166-1 (siehe Anhang B, Tabelle B.1) anzuwenden; eine Ausnahme ist das Kfz-Unterscheidungszeichen für Postleitzahlen (siehe Anhang B, Tabelle B.2).

Bei runden Geldbeträgen oder ungefähren Werten darf die Kennzeichnung fehlender dezimaler Teile der Einheit entfallen.

| 5.865.000 EUR |
| über 60.000 EUR Einkommen |
| Preis: ungefähr 8 € |

3.5.4.2 Mengen- und Maßangaben

Mengen- und Maßangaben mit mehr als drei Stellen können, vom Dezimalzeichen ausgehend, durch jeweils ein Leerzeichen in Gruppen zu je drei Ziffern gegliedert werden. Der Punkt als Gliederungszeichen ist nur bei Geldbeträgen zulässig.

Bei runden Zahlen oder ungefähren Werten darf die Kennzeichnung fehlender dezimaler Teile der Einheit entfallen.

Zahl und nachfolgende Einheitenbezeichnung dürfen am Zeilenende nicht getrennt werden.

11 438,73 m	11 438,728 m
5 836 535 m^3	
Der Berg ist 2498 m hoch.	

Die Stadt hat 12 516 Einwohner, das sind um 3 015 mehr als im Vorjahr.

3.5.4.3 Telefon-, Telefax-, Telex-, Postfachnummer, Postleitzahl und Bankleitzahl

Die Gliederung von Telefonnummer und Telefaxnummern (Telefax, Fax oder Tfx) erfolgt funktionsbezogen durch je ein Leerzeichen (Anbieter, Landesvorwahl, Ortsnetzkennzahl, Einzelanschluss- bzw. Durchwahlnummer). Die Nummer der Durchwahl wird nach einem Mittestrich ohne Leerzeichen angeschlossen. Zur besseren Lesbarkeit dürfen funktionsbezogen Teile von Telefon- und Telefaxnummern durch Fettschrift oder Farbe hervorgehoben werden.

Der Ziffernteil in der Telexnummer (Telex oder Tx) wird ungegliedert angegeben, danach folgen ein Leerzeichen, der Buchstabenteil, ein Leerzeichen und das Kennzeichen.

Die Postfachnummer wird von rechts beginnend zweistellig gegliedert.

Die nationale Bankleitzahl wird von links beginnend in zwei Dreiergruppen und in eine Zweiergruppe gegliedert. Die internationale Bankleitzahl wird von links beginnend in fünf Vierergruppen und in eine Zweiergruppe gegliedert.

Tabelle 5 – Besondere Zahlengliederungen

Benennung und Bestandteile	Beispiele
Telefonnummer Einzelanschluss ohne Durchwahl	123, 1532, 654321 06068 8765 0172 3701458
Durchwahlanlage	
– Zentrale Abfragestelle	01234 123-0 06251 543-1 01234 810-01
– Durchwahlanschluss	01234 123-6789 06251 **2543**-693
Sondernummer	
Wird in Sondernummern nach der Nummer des Anbieters eine Ziffer für die Gebührenzählung angegeben, bleibt davor und dahinter ein Leerzeichen.	0180 2 55678 0190 3 56789 0800 67890 0800 notfon d 0800 telekom
International*	+49 6251 89-0
Telefaxnummer (Telefax, Fax oder Tfx)	
Einzelanschluss	030 987684
Durchwahlanschluss	03984 47-1174
International*	+49 30 26011231
Telexnummer (Telex oder Tx)	
Einzelanschluss	831573 bmi d
Durchwahlanlage	
– Zentraler Empfangsplatz	92371-0 bpm d
– Durchwahlanschluss	92371-31 bpm d

Benennung und Bestandteile	Beispiele
Postfachnummer	
Von rechts beginnend zweistellig gegliedert	1 23 30 14 42 31 86
Postleitzahl	
Fünfstellig, ohne Leerzeichen	08496 Schönbach 19050 Schwerin 60433 Frankfurt
Bankleitzahl	
National (BLZ)	
von links beginnend zweimal Dreiergruppe, einmal Zweiergruppe	BLZ 370 400 44 BLZ 250 800 20
International (IBAN)**	
von links beginnend fünfmal Vierergruppe, einmal Zweiergruppe	IBAN DE89 3704 0044 0532 0130 00 IBAN DE32 2508 0020 0113 0900 00

* Die länderbezogene Zusatznummer sollte durch das Zeichen + vor der Landesvorwahl dargestellt werden (z. B. statt 0049 besser +49).

** Gemäß ISO 13616 und EBS 204, IBAN = International Bank Account Number

3.5.4.4 Abschnittsnummern (dekadische Gliederung)

Als Abschnittsnummern sind arabische Ziffern zu verwenden. Alle Abschnittsnummern haben an derselben Fluchtlinie zu beginnen. In der Abschnittskennzeichnung sind die einzelnen Abschnittsnummern durch Punkte (ohne Leerzeichen) zu trennen; am Ende ist kein Punkt zu setzen.

Bei Aufstellungen und Inhaltsverzeichnissen sind die Abschnittsüberschriften bzw. Abschnittsbezeichnungen an einer Fluchtlinie mindestens zwei Leerzeichen nach der längsten Abschnittsnummer zu schreiben.

```
Inhalt

1      Einführung in das Gebiet der Organisation

2      Grundbegriffe
2.1    Begriffe, Organisation, Büro und Verwaltung
2.2    Organisation des Geschehens in Produktion
       und Verwaltung
2.3    Arbeitssysteme
2.4    Umfang des Organisierens
2.4.1  Art und Gegenstand organisatorischer
       Tätigkeiten
2.4.2  Aufgaben und Durchführung

3      Ideenfindung
3.1    Grundlagen
3.2    Kreativität
```

3.5.5   Hausnummern

Siehe 1.6

Zwischen Straße und Hausnummer ist ein Leerzeichen zu setzen.

Burgstraße 14 - 15	Burgstraße 14/16
Leipziger Straße 5 a	Budapester Straße 15 B
Waldstraße 9 u. 10	Parkallee 14 // W 182

3.5.6   Kalenderdaten und Uhrzeiten

Für eine umfassende Übersicht siehe Anhang D.

Für die Angabe eines Jahreswechsels siehe auch 3.2.13.

3.5.6.1   Numerische Schreibweise

Wenn das Datum numerisch geschrieben werden soll, etwa in Vordrucken, Aufstellungen, in der Bezugszeichenzeile oder im Bezugszeichenblock, wird es gemäß DIN EN 28601 in der Reihenfolge Jahr-Monat-Tag mit Mittestrich gegliedert. Tag und Monat werden zweistellig angegeben. Die Schreibung mit zweistelliger Jahreszahl sollte nur angewendet werden, wenn die Interpretation eindeutig ist.

2001-12-04	01-12-04	2001-09-14

Sofern keine Missverständnisse entstehen, darf auch die Schreibung in der Reihenfolge Tag, Monat, Jahr – gegliedert mit dem Punkt – verwendet werden.

04.12.2001	14.09.01

3.5.6.2 Alphanumerische Schreibweise

Im Fließtext sollte das Datum alphanumerisch geschrieben werden (z. B. 3. August 2001).

Monatsnamen sind bei Bedarf einheitlich auf vier Stellen (einschließlich Abkürzungspunkt) abzukürzen.

3. August 2001	3. Aug. 2001
Der Urlaub wird dieses Jahr Montag, den 3. September beginnen.	
Der Urlaub wird dieses Jahr am Montag, dem 3. September, beginnen.	

3.5.6.3 Uhrzeiten

Bei Angabe der Uhrzeit in Stunden und Minuten oder Stunden, Minuten und Sekunden ist jede Einheit mit zwei Ziffern anzugeben und mit dem Doppelpunkt zu gliedern.

Ankunft: 05:30 Uhr
Die Digitaluhr zeigt 12:05:48 Uhr.
Er ging um 8 Uhr ins Büro.
Das Geschäft ist bis 24:00 Uhr offen.
Um 00:05 Uhr begann das Feuerwerk.

Als Gliederungszeichen bei Zeitangaben ist das Dezimalzeichen (Komma) zu verwenden.

Laufbestzeit: 52,54 s	Tagesbestzeit: 2 h 13 min 18,05 s

3.5.7 Aufstellungen mit Zahlen

Arabische Ziffern sind ihrem Stellenwert entsprechend untereinander zu schreiben. Die Zahlenaufstellung wird nach dem letzten Schriftzeichen jeder Zahlengruppe ausgerichtet. Dezimalzeichen muss jedoch unter Dezimalzeichen stehen.

```
        EUR            Datum              Nr.
   15.328,00        2001-03-23           26/00
    2.711,50        2001-05-18          318/00
      648,30        2001-09-01         1203/00
```

In Aufstellungen mit gemischten Zahlen sind die Einerstellen der ganzen Zahlen und die Bruchstriche untereinander zu schreiben.

```
    4   5/8
   13 11/12
    5  1/3
```

Römische Zahlen sind rechtsbündig untereinander zu schreiben. Zur Schreibweise römischer Ziffern und Zahlen siehe 3.5.10.

```
      I
     II
    III
     IV
```

3.5.8 Summen

3.5.8.1 Summenstrich

Bei einzeiligem Schreiben ist der Summenstrich mit dem Grundstrich ohne Zeilenschaltung oder mit dem Mittestrich nach einem Zeilenschritt unter der letzten Zahl in der Länge der längsten Zahl einschließlich einer eventuellen Einheitenbezeichnung und eines etwaigen Rechenzeichens zu schreiben.

3.5.8.2 Summe

Bei der Verwendung des Grundstrichs als Summenstrich ist die Summe 1 ½ Zeilenschritte unter dem Summenstrich, bei Verwendung des Mittestrichs als Summenstrich ist die Summe einen Zeilenschritt unter dem Summenstrich zu schreiben. Die Einheitenbezeichnung muss zumindest in der ersten Zeile und beim Ergebnis stehen, Rechenzeichen sind ausgerückt zu setzen.

3.5.8.3 Abschlussstrich

Wenn der Abschlussstrich benötigt wird, ist er einen Zeilenschritt unter der Summe mit dem doppelten Grundstrich oder mit aneinander gereihten Gleichheitszeichen in der Länge des Summenstrichs zu schreiben.

```
14.782,00 EUR        14.782,00 EUR           317  km
     0,40 EUR             0,40 EUR           422  "
   364,50 EUR           364,50 EUR            13  "
540.390,00 EUR        540.390,00 EUR          899  "
--------------        555.536,90 EUR        1 651  km
555.536,90 EUR        ==============        ========
```

```
EUR    14.782,00          4210  kg           1,250
EUR         0,40        -   40  kg         321,057
EUR       364,50        ---------            0,003
EUR   540.390,00          4170  kg         322,310
EUR   555.536,90        =========
```

Zeichen für Einheiten dürfen unterführt werden.

Die Summe muss auf jeden Fall mit Einheitenzeichen geschrieben werden.

In Textverarbeitungsprogrammen – insbesondere bei der Verwendung von Proportionalschriften – werden die Striche durch besondere Funktionen der jeweiligen Programme erzeugt, z. B. durch automatisches Unterstreichen, Verwendung von Sonderzeichen oder Grafiklinien, Einsatz von Tabellenfunktionen.

```
       1,25 EUR
     321,05 EUR
       0,00 EUR
     322,30 EUR
```

3.5.9 Zahlen als Wortteile

Zahlen als Wortteile sind ohne Leerzeichen dem nachfolgenden Wortteil voranzustellen.

```
Das Büro befindet sich im 5. Stock eines 14-stöckigen Gebäudes.

Wir ersuchen um Übersendung in 5facher Ausfertigung.

Der Begriff "10er-Teilung" bedeutet 10 Zeichen je Zoll.
```

3.5.10 Römische Zahlenzeichen

Die römischen Zahlenzeichen sind: I (= 1), V (= 5), X (= 10), L (= 50), C (= 100), D (= 500), M (= 1000), A (= 5000).

Grundsätzlich ist zu beachten: Die Zeichen I, X, C, M, A können bei Zahlenangaben wiederholt nebeneinander gesetzt werden, die Zeichen V, L, D dagegen nicht. Gleiche Zeichen sollten nicht mehr als dreimal nebeneinander gesetzt werden. Sie werden zusammengezählt:

III = 3	CC = 200	MM = 2000

Steht das Zeichen für eine kleinere Einheit rechts neben dem Zeichen einer größeren Einheit, werden beide Zahlenwerte zusammengezählt:

VI = 6	XII = 12	MDCL = 1650

Steht das Zeichen für eine kleinere Einheit links neben dem Zeichen einer größeren Einheit, wird der kleinere Zahlenwert von dem größeren abgezogen:

IV = 4	IX = 9	MCM = 1900

3.6 Größenangaben und Formeln

3.6.1 Allgemeines

Für die Schreibung von Maßeinheiten, mathematischen Zeichen, Formeln usw. gelten die gesetzlichen Vorschriften und die DIN-Normen. Für die Formelschreibweise und den Formelsatz wird auf DIN 1338 hingewiesen, siehe auch Tabelle 6.

In 3.6.2 bis 3.6.5 wird nur auf einige Besonderheiten hingewiesen. Sie sind bei der Anfertigung von Schriftsätzen, insbesondere von Manuskripten technisch-wissenschaftlicher Abhandlungen, zu beachten.

3.6.2 Einheiten und Ähnliches

Einheiten u. Ä. werden mit einem Leerzeichen hinter dem Zahlenwert geschrieben.

5 mV	10 m/s	$10,3 \text{ mm}^2$

Vorzeichen von Zahlen sind ohne folgendes Leerzeichen zu schreiben. Als Minuszeichen (siehe 3.3.1) dient der verlängerte Mittestrich oder Gedankenstrich oder Halbgeviertstrich.

> ```
> -20 °C
> ```

3.6.3 Allein stehende, hochgestellte Zeichen

Allein stehende, hochgestellte Zeichen folgen dem Zahlenwert ohne Leerzeichen.

3.6.3.1 Gradzeichen, Minuten- und Sekundenzeichen

Wenn im Zeichensatz kein Gradzeichen „°" vorgesehen ist, muss der um eine halbe Zeilenschaltung hochgestellte Kleinbuchstabe o verwendet werden. Als Minutenzeichen ist der Apostroph, als Sekundenzeichen das Anführungszeichen zu verwenden.

```
Ein rechter Winkel hat 90°.

Dieser Winkel weicht um 12' 13,7" ab.

Der Ort liegt auf 45° 13' 40" nördlicher Breite.
```

Das Gradzeichen als Temperaturbezeichnung (°C, °F) ist ein nicht hochgestelltes Gesamtzeichen, das nach einem Leerzeichen gesetzt wird.

```
25 °C
```

3.6.3.2 Neugrad-, Neuminuten- und Neusekundenzeichen

Als Neugradzeichen ist der Kleinbuchstabe g, als Neuminutenzeichen der Kleinbuchstabe c, als Neusekundenzeichen zweimal der Kleinbuchstabe c (cc) zu verwenden, jeweils um einen halben Zeilenschritt hochgestellt.

```
Ein rechter Winkel hat 100g.

1c (Neuminute) = 100cc (Neusekunden)

Der Winkel beträgt 25g 20c 25cc = 25,2025g.
```

3.6.4 Exponenten und Indizes

Allein stehende, hochgestellte Zeichen (Exponenten) folgen dem Zahlenwert (Basis) ohne Leerzeichen. Hoch- und tiefgestellte Zeichen (Indizes) dürfen nur in Verbindung mit anderen Zeichen verwendet werden. Sie folgen dem Zeichen ohne Leerzeichen. Auch vor gegebenenfalls nachfolgenden Zeichen ist kein Leerzeichen zu setzen (Ausnahme siehe 3.6.3.1 „°C"). Die Höhe bzw. die Tiefe, um die das Zeichen zu versetzen ist, beträgt eine halbe Zeilenschaltung.

Bei der Textverarbeitung ist die Schriftgröße des zu setzenden Zeichens um zwei oder drei Grade kleiner zu wählen.

10^3	mm^2	H_2O	10^{-n}	b_n	$(a + b)^2$
10^3	mm^2	H_2O	10^{-n}	b_n	$(a + b)^2$

3.6.5 Mathematische Formeln

Die Zeile, auf der sich die Formel aufbaut, ist die Schriftgrundlinie. Siehe auch 3.3.7 und 3.5.3.

$$\cos \alpha = \frac{\sin \dfrac{n\tau}{2}}{\sin \dfrac{\tau}{2}} \cdot \frac{\cos \dfrac{n\tau}{2} + i \cdot \sin \dfrac{n\tau}{2}}{\cos \dfrac{\tau}{2} + i \cdot \sin \dfrac{\tau}{2}}$$

Tabelle 6 – Verwendung gerade stehender und kursiver Zeichen

Gegenstand	Schriftlage	Beispiele	Hinweise
Zahlen in Ziffern geschrieben	gerade stehend	$1{,}32 \cdot 10^6$; $\dfrac{2}{3}$; 3/4; $6\,r^2$ k_0; a_{23}; 625fach	Die Festlegungen gelten auch für römische Zahlzeichen. Ziffern zum Bezeichnen von Bildeinzelheiten werden nach DIN 461 kursiv gesetzt. Beispiel: *1* Ölsonde B 6 *2* Ölpumpe *3* 500 m² große Ölschlammfläche
durch Buchstaben dargestellt (allgemein)	kursiv	$\sqrt[n]{3}$; (a_{ik}); n-fach; 2^n $\displaystyle\sum_{i=1}^{m} k_{ih}$ für h = 1, 2 ... n	
durch Buchstaben dargestellt (bei konventioneller Bedeutung)	gerade stehend	$\pi = 3{,}141\,59 \ldots$ $e = 2{,}718\,28 \ldots$ $i = j = \sqrt{-1}$	In mathematischer Literatur werden π, e und i vielfach kursiv gesetzt.

Tabelle 6 (*fortgesetzt*)

Gegenstand	Schriftlage	Beispiele	Hinweise
Formelzeichen für physikalische Größen	kursiv	M (Kraftmoment) m (Masse) C (Kapazität) F (Kraft) μ (Permeabilität)	Siehe DIN 1304-1 Bezüglich Vektoren und Tensoren (halbfett zu setzen) und komplexer Größen (zu unterstreichen) siehe DIN 1303 bzw. DIN 5483-3.
Zeichen für Funktionen und Operatoren			
Zeichen, deren Bedeutung frei gewählt werden kann (freie Zeichen)	kursiv	$f(x); g(x); \varphi(x); u(x)$ $L(y) = y'' + f_1 y' + f_0 y$	
Zeichen mit konventioneller Bedeutung (konventionelle Zeichen)	gerade stehend	$d; \partial; \Delta; \int; \Sigma; \prod$ div; lim; Re (Realteil) sin; lg; Γ (Gammafunktion) exp; ln; δ (Delta-Distribution)	In mathematischer Literatur werden die nur aus einem Buchstaben bestehenden Funktions- und Operatorzeichen vielfach kursiv gesetzt.
Zeichen für Einheiten	gerade stehend	Einheiten ohne Vorsätze: m (Meter) C (Coulomb) F (Farad) Einheiten mit Vorsätzen: mm (Millimeter) μF (Mikrofarad) MHz (Megahertz)	Siehe DIN 1304-1
Symbole für Chemie und Atomphysik	gerade stehend	Fe (Eisen) H_2SO_4 (Schwefelsäure) e^- (Elektron) p (Proton) α (Alphateilchen)	Chemische und atomphysikalische Angaben an den Symbolen der Elemente siehe DIN 1338, 3.4.
Wortabkürzungen	gerade stehend	OZ (Oktanzahl) DM (Deutsche Mark) BER (bit error ratio)	Gilt auch für pH-Wert (siehe DIN 19260).

4 Briefhüllen und deren Beschriftung

4.1 Briefhüllen

Es wird zwischen Form-U-Briefumschlag, wo sich die Verschlussklappe entlang der Längsseite befindet, und Format-T-Versandtasche, wo sich die Verschlussklappe entlang der Schmalseite befindet, unterschieden.

In Tabelle 7 sind die gängigen Formate der Briefhüllen nach DIN 678-1 sowie das Format der Einlage und deren Faltung festgelegt.

Tabelle 7 – Formate von Briefhüllen und deren Einlagen

Briefhüllenformat		Gebräuchliches Einlagenformat	
Kurzzeichen	Abmessungen* in mm	Kurzzeichen	Abmessungen in mm
C6	114 × 162	A6	105 × 148
DL	110 × 220	1/3 A4 quer**	105 × 210
C6/C5	114 × 229	1/3 A4 quer**	105 × 210
C5	162 × 229	A5	148 × 210
C4	229 × 324	A4	210 × 297
B6	125 × 176	C6	114 × 162
B5	176 × 250	C5	162 × 229
B4	250 × 353	C4	229 × 324
E4	280 × 400	B4	250 × 353

*   Toleranz: ± 1,5 mm

**   Format A4 zweimal quer gefaltet. Es ist auf die Faltmarken nach Form A und Form B zu achten.

Briefhüllen in den Formaten C6, DL, C6/C5, C5 und C4 werden auch als Fensterbriefhüllen ausgeführt. Fensterbriefhüllen sind auch für den Flugpostverkehr zugelassen.

4.2 Beschriftung von Briefumschlägen

4.2.1 Empfängeranschrift

Falls keine Fensterbriefhülle verwendet wird (siehe DIN 680), muss die Empfängeranschrift in das „Feld für die Anschrift des Empfängers" nach DIN 5008 geschrieben werden, siehe Bild 21.

4.2.2   Absenderangabe

Die Absenderangabe, sofern sie auf der Vorderseite der Briefhülle steht, postalische Klebezettel und Vermerke müssen in der linken oberen Ecke geschrieben werden. Dabei muss ein rechteckiges Feld mit 40 mm Höhe, ausgehend vom oberen Rand, und mit 74 mm Länge, ausgehend vom rechten Rand der Briefhülle, für die Freimachung und für Stempelabdrucke frei bleiben.

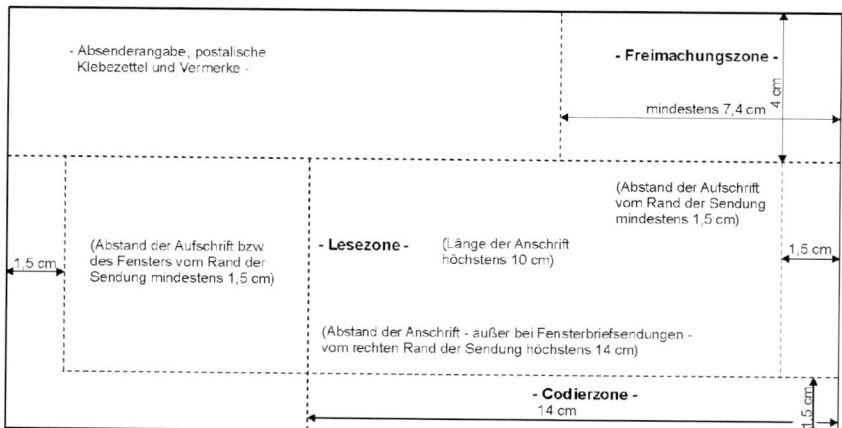

Bild 21 – Gliederung der automatisationsgerechten Aufschriftenseite einer Standardbriefsendung

4.3   Arten von Faltungen

Die folgenden Darstellungen geben einen Überblick über die verschiedenen Möglichkeiten, ein A4-Blatt zu falten.

Beim Einfachfalz wird das Blatt auf A5 halbiert, beim Kreuzfalz auf A6 geviertelt und beim Leporello- und Wickelfalz in der Querrichtung an den Faltmarken gefalzt oder ungefähr gedrittelt.

Um auf das Einlagenformat für Briefhüllen im Format C6 zu kommen, wird ein A4-Blatt in der Querrichtung an den Faltmarken nach Form A oder Form B gefalzt oder ungefähr gedrittelt und in der Längsrichtung in einem Abstand von 148 mm vom linken Blattrand gefalzt.

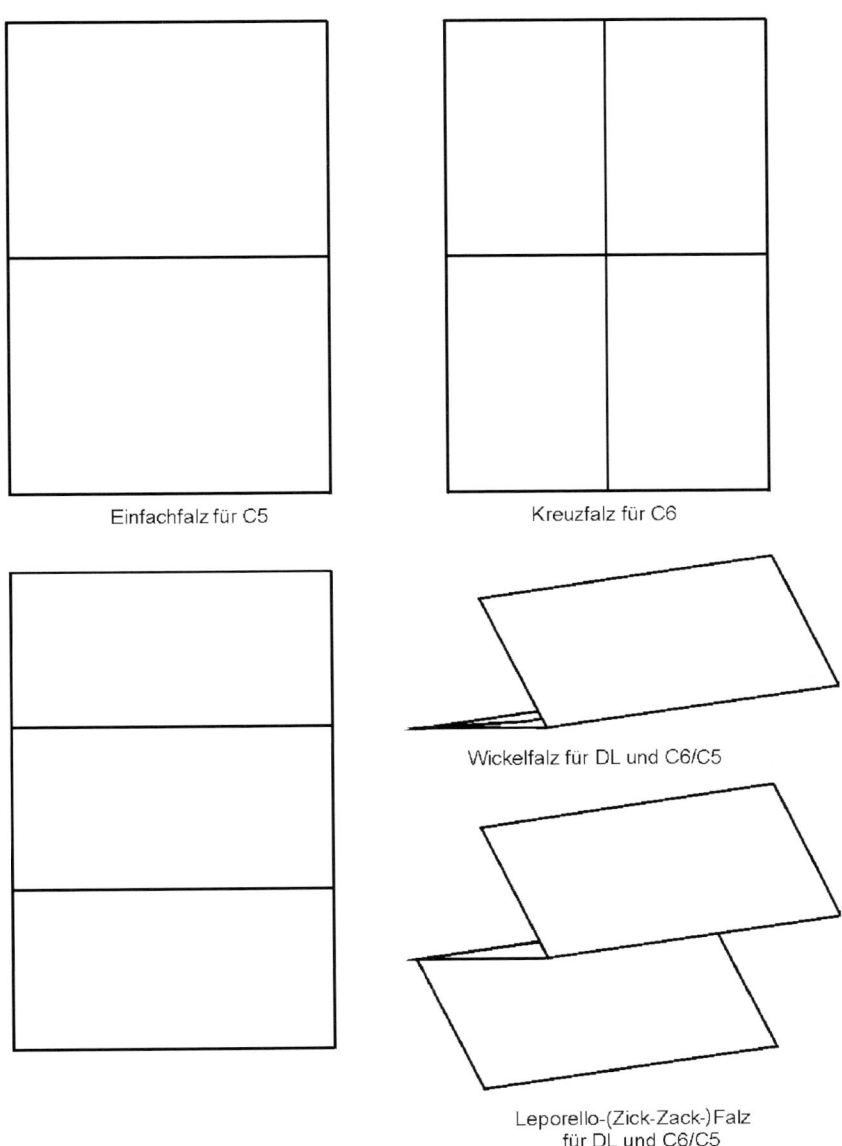

Einfachfalz für C5

Kreuzfalz für C6

Wickelfalz für DL und C6/C5

Leporello-(Zick-Zack-)Falz
für DL und C6/C5

Bild 22 – Darstellung der Arten von Faltungen

Notizen

5 Richtlinien für das Phonodiktat

Die Richtlinien für schreibgerechtes Diktieren auf Ton- und Datenträger sollen die Verständigung zwischen Diktierenden und Schreibenden sowie Spracherkennungssystemen fördern und der Arbeitsvereinfachung dienen.

Gewisse Elemente, wie z. B. das Buchstabieren, können auch für das Telefonieren von Nutzen sein.

Phonodiktate sind schreibgerecht, wenn der Diktierende

- die Arbeitsabläufe der Textverarbeitung berücksichtigt,

- für die nötigen Hinweise die im Folgenden festgelegten Konstanten und Anweisungen anwendet,

- klar und deutlich spricht.

5.1 Technische Hinweise

5.1.1 Tonträger

Tonträger sind nach ihrer Verarbeitung zu löschen, wenn keine anderen Anordnungen oder Vereinbarungen bestehen.

5.1.2 Mikrofonhaltung

Der richtige Abstand zwischen Sprecher und Mikrofon sollte etwa 5 cm bis 10 cm betragen. Damit Anfangs- und Endsilben nicht abgeschnitten werden, ist zwischen Betätigen des Start-Schalters und Sprechbeginn bzw. Sprechende und Betätigen des Stopp-Schalters eine kurze Pause zu machen.

5.1.3 Nebengeräusche

Nebengeräusche sind so gering wie möglich zu halten. Bei starkem Umgebungslärm sollte der Diktierende den Sprechabstand verringern und leiser sprechen.

5.2 Grundlagen

5.2.1 Sprechweise

Die gewohnte Sprechgeschwindigkeit, Stimmlage und Betonung sowie die natürlichen Sprechpausen sollten beibehalten werden.

5.2.2 Aussprache

Auf klare Aussprache ist besonders zu achten.

Endungen und Wortteile dürfen nicht verschluckt werden.

Um Hörfehler zu vermeiden, ist es zulässig, statt zwei „zwo", Juni „Juno" und statt Juli „Julei" zu diktieren.

5.2.3 Anweisungen

Anweisungen sind beispielsweise Hinweise zum Hervorheben und Buchstabieren. Sie werden durch „Stopp" (z. B. Stopp – Kursivschrift ...) eingeleitet und durch „Text" beendet.

Typische Anweisungen sind z. B. Fettschrift, Kursivschrift, Unterstreichen, Zentrieren, Einrücken, Buchstabieren, Tabelle, Aufstellung, Grafik.

In den folgenden Beispielen steht der Mittestrich für eine empfohlene Sprechpause. Konstanten und Anweisungen sind in Kursivschrift hervorgehoben.

Beispiel:

Bitte schicken Sie diesen Brief – *Stopp – Kursivschrift* – ohne Anlagen – *Text* – an Herrn – *Stopp – ich buchstabiere Scherwinski – Cäsar Zacharias Emil Richard Wilhelm Ida Nordpol Samuel Kaufmann Ypsilon – Text* – in Berlin – *Punkt*

```
Bitte schicken Sie diesen Brief ohne Anlagen an Herrn
Czerwinsky in Berlin.
```

Sollen während des Diktates besondere Anweisungen gegeben werden, die sich auf Anordnungen, Schreibweise, mehrfache Wiederholungen o. Ä. beziehen, können sie zwischen „Stopp" und „Text" frei formuliert werden.

Beispiel:

Stopp – es folgt eine dreistufig gegliederte Inhaltsübersicht – Text – eins – Zweck der Organisation – zwo – Elemente der Organisation – zwo eins – Organisationsträger – zwo eins eins – Die Organisationseinheit – zwo eins zwo – Die Organisationseinzelträger – *Stopp – Ende der Übersicht – Text*

```
1     Zweck der Organisation
2     Elemente der Organisation
2.1   Organisationsträger
2.1.1 Die Organisationseinheit
2.1.2 Die Organisationseinzelträger
```

5.2.4 Konstanten

Konstanten sind anzusagende feststehende Benennungen, die aus DUDEN und DIN 5008 (siehe Abschnitte 1 bis 3) bekannt sind. Konstanten werden nicht durch „Stopp" und „Text" eingegrenzt.

Konstanten sind z. B.:

Absatz	Klammer auf
Anführungszeichen	Klammer zu
Anschrift	klein
Apostroph	Komma
Ausrufezeichen	Kommunikationszeile
Betreff	leer (Leerzeichen)
Bezugszeichen	nächstens, nächster Punkt
Diktatende	neue Zeile
Doppelpunkt	Punkt
Ende dieses Schriftstückes	römisch
Fragezeichen	Schrägstrich
groß	Semikolon
halbes Anführungszeichen	Summenstrich
hoch	tief
Informationsblock	Versendungsform

Werden Kommas angesagt, müssen sie im gesamten Diktat – nicht nur gelegentlich – angesagt werden.

Beispiel:

Die Konstante – *Anführungszeichen* – nächstens – *Anführungszeichen* – *Klammer auf* – Gleichheitszeichen – nächster Punkt – *Klammer zu* – wird in Aufzählungen verwendet – *Punkt*

```
Die Konstante "nächstens" (= nächster Punkt) wird in
Aufzählungen verwendet.
```

Der Artikel – *klein Anton* – *Schrägstrich* – zehn folgt – *Punkt*

```
Der Artikel a/10 folgt.
```

klein Kaufmann – *klein Richard* – *Bindestrich* – *klein Martha*

```
kr-m
```

5.2.5   Buchstabieren

Nicht allgemein bekannte Abkürzungen, Eigennamen, Fachausdrücke und wenig gebräuchliche Wörter sind zu buchstabieren.

Beim Buchstabieren ist immer vorher das ganze Wort anzusagen.

ANMERKUNG   Es wird empfohlen, in „Zweiergruppen" zu diktieren. Für den Schreibenden bedeutet das eine wesentliche Erleichterung. Die Praxis zeigt, dass so buchstabierte
Wörter besser verstanden werden.

Postalische Buchstabiertafel ergänzt um ß:

A	Anton	J	Julius	Sch	Schule
Ä	Ärger	K	Kaufmann	ß	Eszett
B	Berta	L	Ludwig	T	Theodor
C	Cäsar	M	Martha	U	Ulrich
Ch	Charlotte	N	Nordpol	Ü	Übermut
D	Dora	O	Otto	V	Viktor
E	Emil	Ö	Ökonom	W	Wilhelm
F	Friedrich	P	Paula	X	Xanthippe
G	Gustav	Q	Quelle	Y	Ypsilon
H	Heinrich	R	Richard	Z	Zacharias
I	Ida	S	Samuel		

Beispiele:

Stopp ich buchstabiere Joule   Julius Otto   Ulrich Ludwig   Emil

Stopp ich buchstabiere kWh   klein Kaufmann   groß Wilhelm   klein Heinrich

Stopp ich buchstabiere Quäker   Quelle Ulrich   Ärger Kaufmann   Emil Richard

5.2.6   Ziffern, Zahlen und Daten

Zahlen und alphanumerische Daten, die für die Schreibenden keine Begriffe
darstellen, werden ziffern- bzw. buchstabenweise von links angesagt. Davon
ausgenommen sind im Allgemeinen Kalenderdaten, Währungsbeträge, Längen
(Maße) und Massen (Gewichte).

Beispiele:

zwo neun   sechs vier

2964

tausend (nicht eintausend – zur Unterscheidung von neuntausend)

1000

neunzehnhundertsechsundneunzig – *Bindestrich* – null sieben – *Bindestrich* –
vierzehn

1996-07-14

vierzehnter Julei neunzehnhundertsechsundneunzig

| 14. Juli 1996 |

siebenhundert – *Komma* – fünfzig

| 700,50 |

Sind Zahlen anzusagen, in denen Leerzeichen vorkommen, dann ist für deren Ansage die Konstante „leer" zu verwenden.

Beispiel:

Kontonummer neun zwo eins – leer – drei null eins – leer – eins acht fünf

| Kontonummer 921 301 185 |

5.3 Beispiel für einen Diktatablauf

Bei Einhaltung des folgenden Diktatablaufs – der interne Regelungen nicht ausschließt – werden die Arbeitsabläufe beim Übertragen des Phonodiktates in Maschinenschrift berücksichtigt.

1. Name des Diktierenden
    Am Anfang eines Diktates sollte immer der Name des Diktierenden angesagt werden.

2. Abteilungs- oder Bereichsbezeichnung

3. Gebäude, Zimmer-Nr., Hausruf usw.

4. Zu verwendender Vordruck

5. Beigefügte Unterlagen
    (z. B. Vorgang, Konzept für Aufstellungen und Tabellen)

6. Verarbeitungsart
    (z. B. Entwurf oder Reinschrift)

7. Versendungsform
    (z. B. Eilzustellung, Einschreiben)

8. Anschrift
    Sie kann in Kurzform angesagt werden, wenn dem Schreibauftrag der Vorgang beiliegt.

9. Bezugszeichen
    Sie werden in der Reihenfolge „Ihr Zeichen, Ihre Nachricht vom ...", „Unser Zeichen, unsere Nachricht vom ..." usw. angesagt.

10. Betreff
    Die Betreffangabe wird mit der Konstanten „Betreff" eingeleitet, obgleich das Wort „Betreff" nicht geschrieben wird, auch dann nicht, wenn es nicht vorgedruckt ist.

11. Anrede

12. Text

13. Gruß

14. Anlagenvermerk
    Der Anlagenvermerk wird mit „Anlage(n)" eingeleitet.

15. Verteilvermerk

16. Ende dieses Schriftstückes

17. Anzahl der Kopien

18. Diktatende

Art und Umfang der Archivierung des Schriftstückes ist durch interne Regelungen festzulegen.

5.4 Ausführungsbeispiel

Hier spricht ...

Abteilung ... Telefon ...

Bitte nutzen Sie Dokumentvorlage Geschäftsbrief Form B

Anschrift – Frau – Gabriele Weinert – Am Alten Graben – zwo sechs – *Postleitzahl* – fünf neun vier neun vier – Soest

Bezugszeichen – *Unser Zeichen* – *klein Friedrich klein Richard* – *Bindestrich* – *klein Berta klein Anton* – *Telefon Name* – vier fünf – drei acht – Herr Franke – *Datum* – zwotausendundeins – *Bindestrich* – null acht – *Bindestrich* – eins zwo

ANMERKUNG Die Bezugszeichen brauchen nicht angesagt zu werden, wenn sie aus dem Vorgang ersichtlich sind.

Betreff – Einladung zum Informationstag –

Sehr geehrte Frau Weinert –

Sie haben es sicher schon gehört oder gelesen – *Doppelpunkt* – Der neue – *Stopp* – *Großbuchstaben* – Monsun – *Text* – ist auf dem Markt – ein Auto – das Ihre Wünsche an komfortables Autofahren erfüllt – *Punkt* – Überzeugen Sie sich an unserem – *Anführungszeichen* – Tag der offenen Tür – *Anführungszeichen Absatz* – *Stopp* – *Einrücken* – *Text* –

am Sonntag – *Stopp* – *fett* – zwoter September zwotausendundeins – *Text* –
zehn bis achtzehn Uhr – *Absatz* – *Stopp* – *Fluchtlinie* – *Text* –

von den positiven Fahreigenschaften dieses Modells – *Punkt* – *Absatz*

Den Kauf Ihres neuen Autos können Sie an diesem Tag umfassend vorbereiten –
Gedankenstrich – ohne Hektik und ohne jede Verpflichtung – *Punkt* – Unser Tipp
für Sie – *Doppelpunkt* – *Absatz* – *Stopp* – *Es folgt eine Aufzählung mit dem Mittestrich als Aufzählungszeichen* – *Text* –

Informieren Sie sich über die vielen attraktiven Neuerungen – *Punkt* – *Absatz* –

Testen Sie auch die anderen aktuellen Modelle – *Punkt* – *Absatz* –

Vergleichen Sie unsere günstigen Leasing – *Ergänzungsbindestrich* – und Finan-
zierungsvarianten – *Punkt* – *Absatz* – *Fluchtlinie* –

Kommen Sie einfach vorbei und freuen Sie sich auf einen erlebnisreichen Tag –
Ausrufezeichen – *Absatz* –

Mit freundlichen Grüßen – *Ende dieses Schriftstückes* – *Diktatende*

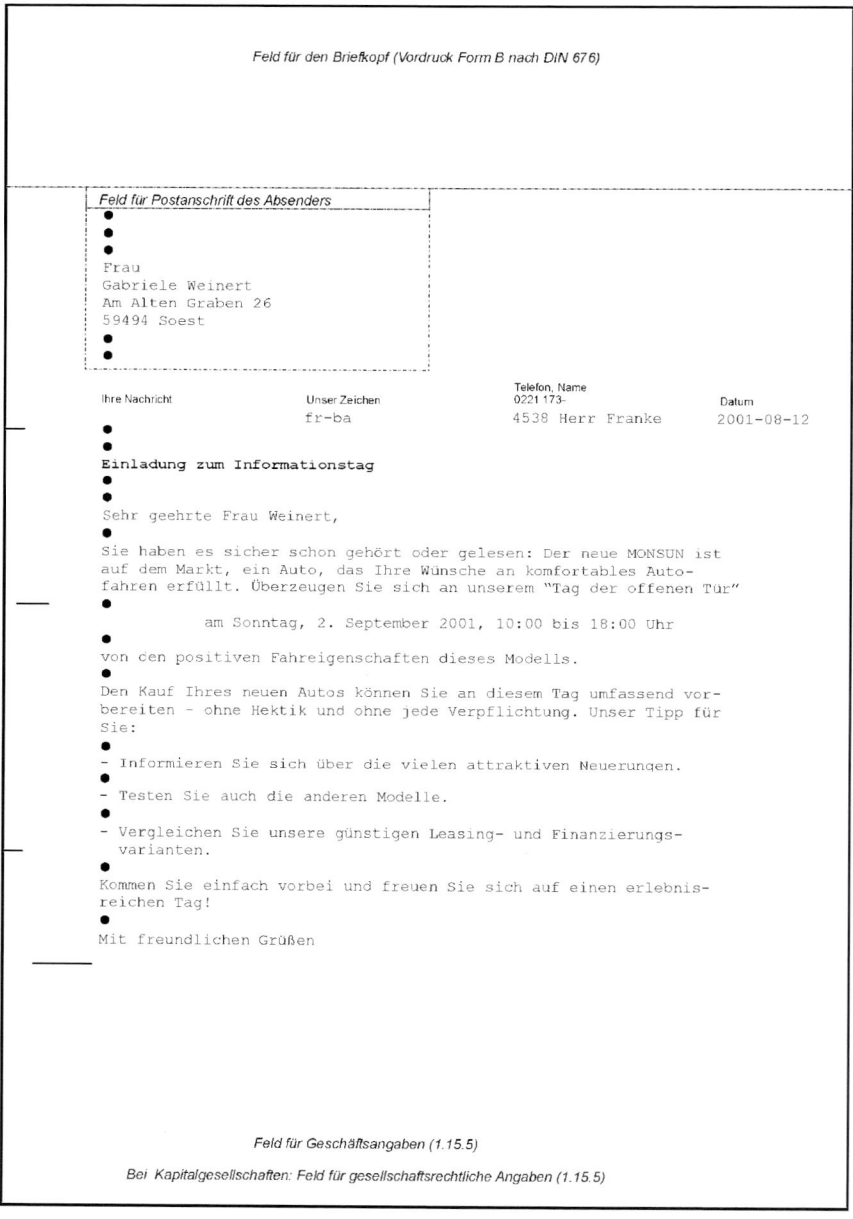

Feld für den Briefkopf (Vordruck Form B nach DIN 676)

Feld für Postanschrift des Absenders

-
-
-

Frau
Gabriele Weinert
Am Alten Graben 26
59494 Soest

-
-

Ihre Nachricht	Unser Zeichen	Telefon, Name 0221 173-	Datum
	fr-ba	4538 Herr Franke	2001-08-12

-

Einladung zum Informationstag

-

Sehr geehrte Frau Weinert,

-

Sie haben es sicher schon gehört oder gelesen: Der neue MONSUN ist
auf dem Markt, ein Auto, das Ihre Wünsche an komfortables Autofahren erfüllt. Überzeugen Sie sich an unserem "Tag der offenen Tür"

-

         am Sonntag, 2. September 2001, 10:00 bis 18:00 Uhr

von den positiven Fahreigenschaften dieses Modells.

Den Kauf Ihres neuen Autos können Sie an diesem Tag umfassend vorbereiten - ohne Hektik und ohne jede Verpflichtung. Unser Tipp für
Sie:

-

- Informieren Sie sich über die vielen attraktiven Neuerungen.

-

- Testen Sie auch die anderen Modelle.

-

- Vergleichen Sie unsere günstigen Leasing- und Finanzierungs-
  varianten.

-

Kommen Sie einfach vorbei und freuen Sie sich auf einen erlebnisreichen Tag!

-

Mit freundlichen Grüßen

Feld für Geschäftsangaben (1.15.5)

Bei Kapitalgesellschaften: Feld für gesellschaftsrechtliche Angaben (1.15.5)

Bild 23 – Ausführungsbeispiel

6 Korrekturzeichen

6.1 Hauptregeln

Eintragungen sind so deutlich vorzunehmen, dass kein Irrtum entstehen kann.

Jedes eingezeichnete Korrekturzeichen ist am Papierrand zu wiederholen. Die erforderliche Änderung ist rechts neben das wiederholte Korrekturzeichen zu schreiben, sofern das Zeichen nicht (z. B. ⌐‾⌐ , ‾‾‾) für sich selbst spricht. Das Einzeichnen von Korrekturen innerhalb des Textes ohne den dazugehörenden Randvermerk ist unbedingt zu vermeiden. Das an den Rand Geschriebene muss in seiner Reihenfolge mit den innerhalb der Zeile angebrachten Korrekturzeichen übereinstimmen und in möglichst gleichem Abstand neben den betreffenden Zeilen untereinander stehen.

Bei mehreren Korrekturen innerhalb einer Zeile sind unterschiedliche Korrekturzeichen anzuwenden.

Erklärende Vermerke zu einer Korrektur sind durch Doppelklammern zu kennzeichnen.

Es wird empfohlen, die Korrekturen zur besseren Unterscheidung gegenüber dem zu korrigierenden Text farbig anzuzeichnen. Auf Kopierbarkeit (auch Telefax) und Mikroverfilmbarkeit ist zu achten. Jeder gelesene Satzabzug ist zu signieren.

Durch die technische Entwicklung (z. B. Desktoppublishing) und die damit stärkere Einbindung der Illustrierung genügen die traditionellen Korrekturzeichen oft nicht (z. B. bei Umpositionierung von Abbildungen). Solange sich dafür keine eigenen Zeichen eingebürgert haben, muss die gewünschte Korrekturleistung genau beschrieben werden.

Beispiel:

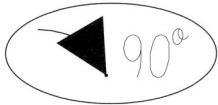 

6.2 Anwendung

1. Falsche Buchstaben oder Wörter würden durchgestrichen und am Papierrand mit die richtigen ersetzt.

Kommen in eener Zaile mehrere sulcher Feller ver, so erhalten sie ihrer Reihenfolge nach unterschiedliche Zeichen.

2. Überflüssige Buchstaben oder Wörter werdenn durchgestrichen durchgestrichen und am Papierrand durch ๙ (Zeichen für deleatur = „es werde getilgt") angezeichnet.

3. Fehlende Buchstaben werden angezeichnet, indem der vorangeende oder folgende uchstabe durchgestrichen und am Rand zusammen mit dem fehlenden Buchstaben wiederholt wird. Es kann auch das ganze Wort der die Silbe durchgesrichen und am Rand berichtigt werden.

4. Fehlende oder überflüssige Satzzeichen werden wie fehlende oder überflüssige Buchstaben angezeichnet.

Beispiele:

Satzzeichen beispielsweise Komma oder Punkt „Die Ehre ist das äußere Gewissen" heißt es bei Schopenhauer „und das Gewissen die innere Ehre."

5. Beschädigte Buchstaben werden durchgestrichen und am Rand einmal unterstrichen.
Fälschlich aus anderer Schrift gesetzte Buchstaben werden am Rand zweimal unterstrichen.

Verschmutzte Buchstaben und zu stark erscheinende Stellen werden umringelt.

Neu zu setzende Zeilen. Zeilen mit porösen oder beschädigten Stellen erhalten einen waagrechten Strich. Ist eine solche Stelle nicht mehr lesbar, wird sie durchgestrichen und deutlich an den Rand geschrieben.

6. Wird nach **Streichung eines Bindestriches oder Buchstabens** die Getrennt- oder Zusammenschreibung der verbleibenden Teile zweifelhaft, so ist wie folgt zu verfahren:

Beispiele:

Ein hell-gelbes Kleid,

das Kleid ist leuchtend-gelb.

la couronne

7. Ligaturen (Buchstabenverbindungen) werden verlangt, indem man die fälschlich einzeln gesetzten Buchstaben durchstreicht und am Rand mit einem darunter befindlichen Bogen wiederholt.

Fälschlich gesetzte Ligaturen werden durchgestrichen, am Rand wiederholt und durch einen Strich getrennt.

Beispiel: Auflage

8. Verstellte Buchstaben werden durchgestrichen und am Rand richtig angebogen.

Verstellte Wörter werden ⌐das durch⌐ Umstellungszeichen berichtigt.

Die Wörter werden bei größeren Umstellungen beziffert.

Verstellte Zahlen sind immer ganz durchzustreichen und in der richtigen Ziffernfolge an den Rand zu schreiben.

Beispiel:

1694

9. Fehlende Wörter sind in der Lücke durch Winkelzeichen kenntlich zu machen und am ⌐anzugeben.

Bei größeren Auslassungen wird auf die Manuskriptseite verwiesen. Die Stelle ist auf dem Manuskript zu markieren.

Beispiel:

Die Erfindung Gutenbergs ist ⌐Entwicklung.

10. Falsche Trennungen werden am Zeilenschluss und am folgenden Zeilenanfang angezeichnet.

11. Fehlender Wortzwischenraum wird durch ⌐, zu enger Zwischenraum durch ⊤, zu weiter Zwischenraum durch ⊤ angezeichnet.

Beispiel:

Soweit du gehst, die Füße ⊤ laufen mit.

Ein Doppelbogen gibt an, dass der Zwischenraum ganz weg fallen soll.

12. Andere Schrift wird verlangt, indem man die betreffende Stelle unterstreicht und die gewünschte Schrift am Rand vermerkt.

kursiv ∟ _halbfett_
Grundschrift

13. Die Sperrung oder Aufhebung einer Sperrung wird – wie beim Verlangen einer a n d e r e n Schrift – durch Unterstreichen angezeichnet.

sperren
nicht sperren

14. Nicht Linie haltende Stellen werden durch parallele Striche angezeichnet.

15. Unerwünscht mitdruckende Stellen (z. B. Spieße) werden unterstrichen ⇕ und am Rand mit Doppelkreuz angezeichnet.

‡

16. Ein Absatz wird durch das Zeichen ⌐ im Text und am Rand verlangt.

Beispiel:

Die ältesten Drucke sind so gleichmäßig schön ausgeführt, dass sie die schönste Handschrift übertreffen. Die älteste Druckerpresse scheint von der, die uns Jost Amman im Jahre 1568 im Bilde vorführt, nicht wesentlich verschieden gewesen zu sein.

17. Das Anhängen eines Absatzes wird durch eine verbindende Schleife verlangt.

Beispiel:

Diese Presse bestand aus zwei Säulen, die durch ein Gesims verbunden waren.
In halber Mannshöhe war auf einem verschiebbaren Karren die Druckform befestigt.

18. Zu tilgender oder zu verringernder Einzug erhält
das Zeichen ⊢——— .

Beispiel:

⊢———Das Auge an die Beurteilung guter Verhältnisse zu ⊢—
gewöhnen erfordert jahrelange Übung.

19. Fehlender oder zu erweitender Einzug erhält das
Zeichen ⌐⌐ .

Beispiel:

Der Einzug bleibt im ganzen Buch gleich groß, auch
wenn einzelne Absätze oder Anmerkungen in kleinerem
Schriftgrad gesetzt sind.

20. Verstellte (versteckte) Zeilen werden mit waagrechten Randstrichen versehen und in der richtigen Reihenfolge
nummeriert.

Beispiel:

Sah ein Knab' ein Röslein stehn, ——————— 1
lief er schnell, es nah zu sehn, ——————— 4
war so jung und morgenschön, ——————— 3
Röslein auf der Heiden, ——————— 2
sah's mit vielen Freuden.   Goethe. ——————— 5

21. Fehlender Durchschuss wird durch einen zwischen
die Zeilen gezogenen Strich mit nach außen offenem
Bogen angezeichnet.

Zu großer Durchschuss wird durch einen zwischen die
Zeilen gezogenen Strich mit einem nach innen offenen
Bogen angezeichnet.

22. Erklärende Vermerke zu einer Korrektur sind durch
Doppelklammer zu kennzeichnen.

Beispiel:

Die Vorstufen der Buchstabenschriften waren die Bil-
derschriften. Alphabet als der Stammmutter aller   ⌐ ((hier fehlt
abendländischen Schriften schufen die Griechen.   Ms. – Anschluss))

23. Für unleserliche oder zweifelhafte Manuskriptstellen, die noch nicht blockiert sind, wird vom Korrektor eine Blockade verlangt (⊠).

Beispiel:

Hyladen sind Insekten mit unbeweglichem Prothorax (s. S. ...).

24. Irrtümlich Angezeichnetes wird unterpunktiert. Die Korrektur am Rand ist durchzustreichen.

7 Literaturverzeichnis

DIN 461	1973-03	Graphische Darstellung in Koordinatensystemen
DIN 676	1995-05	Geschäftsbrief – Einzelvordrucke und Endlosvordrucke
DIN 678-1	1998-01	Briefhüllen – Teil 1: Formate
DIN 680	1995-01	Fensterbriefhüllen – Formate und Fensterstellung
DIN 821-1	1992-05	Schriftgutbehälter; Maße
DIN 1303	1987-03	Vektoren, Matrizen, Tensoren; Zeichen und Begriffe
DIN 1304-1	1994-03	Formelzeichen; Allgemeine Formelzeichen
DIN 1338	1996-08	Formelschreibweise und Formelsatz
DIN 1421	1983-01	Gliederung und Benummerung in Texten; Abschnitte, Absätze, Aufzählungen
DIN 5008	2001-11	Schreib- und Gestaltungsregeln für die Textverarbeitung
DIN 5008/A1	2005-04	Schreib- und Gestaltungsregeln für die Textverarbeitung – Änderung 1
DIN 5009	1996-12	Diktierregeln
DIN 5483-3	1994-09	Zeitabhängige Größen – Teil 3: Komplexe Darstellung sinusförmig zeitabhängiger Größen
DIN 16511	1966-01	Korrekturzeichen
DIN 19260	1971-03	pH-Messung; Allgemeine Begriffe
E DIN 19260	2000-08	pH-Messung – Allgemeine Begriffe
DIN EN 28601	1993-02	Datenelemente und Austauschformate; Informationsaustausch; Darstellung von Datum und Uhrzeit (ISO 8601:1988 und Technical Corrigendum 1:1991); Deutsche Fassung EN 28601:1992
DIN EN ISO 216	2002-03	Schreibpapier und bestimmte Gruppen von Drucksachen – Endformate – A- und B-Reihen (ISO 216:1975); Deutsche Fassung EN ISO 216:2001

DIN EN ISO 3166-1 1998-04 Codes für die Namen von Ländern und deren Untereinheiten – Teil 1: Codes für Ländernamen (ISO 3166-1:1997); Deutsche Fassung EN ISO 3166-1:1997

ISO 4217   2001-08   Codes für die Darstellung von Währungen und Zahlungsmittel

ISO 13616   2003-08   Bankwesen – Internationale Bankleitzahl (IBAN)

ISO 11180   Postanschrift ersatzlos zurückgezogen

Duden Band 1 Die deutsche Rechtschreibung, 22. Auflage, 2000

Anhang A: Abkürzungen

Die nachstehende Liste ist eine Auswahl von Abkürzungen, die in der täglichen Praxis häufig vorkommen. Abkürzungen sollen sparsam eingesetzt werden.

Gesetzlich festgelegte Buchstabenabkürzungen sind nur in der vom Gesetzgeber bestimmten Form zu verwenden. Andere Abkürzungen folgen den Regeln der deutschen Rechtschreibung.

Abkürzungen von Ländernamen siehe Anhang B.

Allgemeine Abkürzungen

Abs.	Absatz, Absender	EKD	Evangelische Kirche
Abschn.	Abschnitt		Deutschlands
Abt.	Abteilung	f.	(die) folgende (Seite)
a. D.	außer Dienst	ff.	(die) folgende(n) Seite(n)
Adr.	Adresse	gem.	gemäß
allg.	allgemein	Hbf.	Hauptbahnhof
Anh.	Anhang	h. c.	honoris causa
Anm.	Anmerkung		(ehrenhalber)
ao.; a. o.	außerordentlich	Hi-Fi	Highfidelity
Art.	Artikel		(hohe Wiedergabetreue)
Bd.	Band	i. A.	im Auftrag
Bez.	Bezirk	i. Allg.	im Allgemeinen
BLZ	Bankleitzahl	i. R.	im Ruhestand
bez.	bezüglich	ISBN	Internationale Standard-
bzw.	beziehungsweise		buchnummer
ca.	zirka	i. V.	in Vollmacht, in Vertretung
dgl.	dergleichen	Jg.	Jahrgang
d. h.	das heißt	Jgg.	Jahrgänge
d. J.	dieses Jahres	Jh.	Jahrhundert
d. M.	dieses Monats	jun.	junior (in Verbindung mit
Dion	Direktion		Familiennamen, im Gegen-
DVR	Datenverarbeitungsregister		satz zu sen.)
dz.	derzeit	lfd.	laufend
EDV	Elektronische Datenver-	Kap.	Kapitel
	arbeitung	Kfz	Kraftfahrzeug
ev.	evangelisch	Lkw; LKW	Lastkraftwagen
evtl.	eventuell	Nr.	Nummer

o. Ä.	oder Ähnliches	**Akademische Grade, Amts- und**	
p. A.	per Adresse	**Berufstitel, Ehrentitel, Funktions-**	
PC	Personal Computer	**bezeichnungen**	
Pkw; PKW	Personenkraftwagen	Bgm.	Bürgermeister
PLZ	Postleitzahl	Dipl.-Chem.	Diplomchemiker
pp.; ppa.	per procura	Dipl.-Gwl.	Diplomgewerbelehrer
PR	Publicrelations	Dipl.-Hdl.	Diplomhandelslehrer
prov.	provisorisch	Dipl.-Holzw.	Diplomholzwirt
röm.-kath.	römisch-katholisch	Dipl.-Ing.	Diplomingenieur
sen.	senior (in Verbindung mit	Dipl.-Ing. FH	Diplomingenieur Fachhoch-
	Familiennamen, im Gegen-		schule
	satz zu jun.)	Dipl.-Ing. TU	Diplomingenieur
Tfx	Fax, Telefax		Technische Universität
TV	Textverarbeitung,	Dipl.-Kfm.	Diplomkaufmann
	Television	Dipl.-Landw.	Diplomlandwirt
u.	und	Dipl.-Phys.	Diplomphysiker
u. a.	und and(e)re, und and(e)res,	Dipl.-Volksw.	Diplomvolkswirt
	unter and(e)rem,	Doz.	Dozent
	unter and(e)ren	Dr.	Doktor
u. a. m.	und and(e)res mehr	Dr.-Ing.	Doktoringenieur
u. Ä.	und Ähnliche(s)	DDr.	Doktor Doktor
u. d. Ä.	und dem Ähnliche(s)	Hon.-Prof.	Honorarprofessor
u. A. w. g.	um Antwort wird gebeten	Ing.	Ingenieur
u. dgl. (m.)	und dergleichen (mehr)	Mag.	Magister
u. desgl. (m.)	und desgleichen (mehr)	Mgr., Msgr.	Monsignore
usf.	und so fort	Präs.	Präsident
usw.	und so weiter	Prof.	Professor
v.	vom, von	Prok.	Prokurist
v. H.	vom Hundert	Reg.-Rat	Regierungsrat
v. T.	vom Tausend	Univ.-Ass.	Universitätsassistent
Z.	Zahl, Ziffer	Univ.-Doz.	Universitätsdozent
z. B.	zum Beispiel	Univ.-Prof.	Universitätsprofessor
z. H., z. Hd.	zuhanden, zu Händen	Vors.	Vorsitzende(r)
z. T.	zum Teil		
zz.	zurzeit	**Gesetze, Verordnungen, Kundma-**	
		chungen, Abgaben-(Steuer-)Arten	
		BAföG	Bundesausbildungsför-
			derungsgesetz
		BGBl.	Bundesgesetzblatt
		ESt.	Einkommensteuer

EStG	Einkommensteuergesetz	**Rechtsformen von Unternehmungen**	
ErbSt.	Erbschaftssteuer	AG	Aktiengesellschaft
ErbStG	Erbschaftssteuergesetz	BGB-Gesell-	Gesellschaft des Bürger-
GewO	Gewerbeordnung	schaft	lichen Rechts
GewSt.	Gewerbesteuer	Co.	Compagnie, Kompanie
GewStG	Gewerbesteuergesetz	GmbH	Gesellschaft mit beschränk-
GG	Grundgesetz		ter Haftung
GrSt.	Grundsteuer	KEG	Kommanditerwerbsgesell-
GrStG	Grundsteuergesetz		schaft
GrESt.	Grunderwerbsteuer	KG	Kommanditgesellschaft
GrEStG	Grunderwerbsteuergesetz	KGaA	Kommanditgesellschaft auf
HGB	Handelsgesetzbuch		Aktien
KSt.	Körperschaftssteuer	OEG	Offene Erwerbsgesellschaft
KStG	Körperschaftssteuergesetz	OHG	Offene Handelsgesellschaft
KraftStG	Kraftfahrzeugsteuergesetz	VVaG	Versicherungsverein auf
MinöStG.	Mineralölsteuergesetz		Gegenseitigkeit
StÄndG	Steueränderungsgesetz		
USt.	Umsatzsteuer		
UStG	Umsatzsteuergesetz		
VSt.	Vermögensteuer		
VStG	Vermögensteuergesetz		
ZPO	Zivilprozessordnung		

Raum für Eintragungen eigener Abkürzungen:

Notizen

Anhang B: Codes für Ländernamen

Die Tabelle B.1 stellt einen Auszug aus DIN EN ISO 3166-1 „Codes für Länder-namen (ISO 3166:1997)" dar.

Tabelle B.1

Einheit (Kurzbezeichnung)	Zwei-Buch-staben-Code	Drei-Buch-staben-Code	Einheit (Kurzbezeichnung)	Zwei-Buch-staben-Code	Drei-Buch-staben-Code
ALBANIEN	AL	ALB	LIECHTENSTEIN	LI	LIE
ANDORRA	AD	AND	LITAUEN	LT	LTU
AUSTRALIEN	AU	AUS	LUXEMBURG	LU	LUX
BELGIEN	BE	BEL	MALTA	MT	MLT
BOSNIEN-HERZEGOWINA	BA	BIH	MOLDAU, REPUBLIK	MD	MDA
			MONACO	MC	MCO
BULGARIEN	BG	BGR	NIEDERLANDE	NL	NLD
DÄNEMARK	DK	DNK	NORWEGEN	NO	NOR
DEUTSCHLAND	DE	DEU	ÖSTERREICH	AT	AUT
ESTLAND	EE	EST	POLEN	PL	POL
FINNLAND	FI	FIN	PORTUGAL	PT	PRT
FRANKREICH	FR	FRA	RUMÄNIEN	RO	ROU
GIBRALTAR	GI	GIB	RUSSISCHE FÖDERATION	RU	RUS
GRIECHENLAND	GR	GRC			
GRÖNLAND	GL	GRL	SAN MARINO	SM	SMR
IRLAND	IE	IRL	SCHWEDEN	SE	SWE
ISLAND	IS	ISL	SCHWEIZ	CH	CHE
ITALIEN	IT	ITA	SERBIEN UND MONTENEGRO	CS	SCG
JAPAN	JP	JPN			
KANADA	CA	CAN	SLOWAKEI	SK	SVK
KROATIEN	HR	HRV	SLOWENIEN	SI	SVN
LETTLAND	LV	LVA	SPANIEN	ES	ESP

Tabelle B.1 (*fortgesetzt*)

Einheit (Kurzbezeichnung)	Zwei-Buch-staben-Code	Drei-Buch-staben-Code	Einheit (Kurzbezeichnung)	Zwei-Buch-staben-Code	Drei-Buch-staben-Code
TSCHECHISCHE REPUBLIK	CZ	CZE	VATIKANSTADT	VA	VAT
			VEREINIGTE STAATEN	US	USA
TÜRKEI	TR	TUR	VEREINIGTES KÖNIGREICH	GB	GBR
UKRAINE	UA	UKR			
UNGARN	HU	HUN	ZYPERN	CY	CYP

In Tabelle B.2 werden die internationalen Unterscheidungszeichen für Kraftfahrzeuge dargestellt. Im Gegensatz zu den Ländercodes haben diese Zeichen eine unterschiedliche Buchstabenlänge (ein- bis dreistellig). Diese Länderkennzeichen sollten gemäß Empfehlung der Deutschen Post AG nicht bei der Angabe ausländischer Postleitzahlen verwendet werden.

Tabelle B.2

Einheit (Kurzbezeichnung)	Kfz-UZ	Einheit (Kurzbezeichnung)	Kfz-UZ
ALBANIEN	AL	IRLAND	IRL
ANDORRA	AND	ISLAND	IS
AUSTRALIEN	AUS	ITALIEN	I
BELGIEN	B	JAPAN	J
BOSNIEN-HERZEGOWINA	BIH	JUGOSLAWIEN	YU
BULGARIEN	BG	KANADA	CDN
DÄNEMARK	DK	KROATIEN	HR
DEUTSCHLAND	D	LETTLAND	LV
ESTLAND	EST	LIECHTENSTEIN	FL
FINNLAND	FIN	LITAUEN	LT
FRANKREICH	F	LUXEMBURG	L
GIBRALTAR	GBZ	MALTA	M
GRIECHENLAND	GR	MOLDAU, REPUBLIK	MD
GRÖNLAND	GL	MONACO	MC

Tabelle B.2 (*fortgesetzt*)

Einheit (Kurzbezeichnung)	Kfz-UZ	Einheit (Kurzbezeichnung)	Kfz-UZ
NIEDERLANDE	NL	**SLOWENIEN**	SLO
NORWEGEN	N	**SPANIEN**	E
ÖSTERREICH	A	**TSCHECHISCHE REPUBLIK**	CZ
POLEN	PL	**TÜRKEI**	TR
PORTUGAL	P	**UKRAINE**	UA
RUMÄNIEN	RO	**UNGARN**	H
RUSSISCHE FÖDERATION	RUS	**VATIKANSTADT**	V
SAN MARINO	RSM	**VEREINIGTE STAATEN**	USA
SCHWEDEN	S	**VEREINIGTES KÖNIGREICH**	GB
SCHWEIZ	CH	**ZYPERN**	CY
SLOWAKEI	SK		

Anhang C: Codes für Währungen und Zahlungsmittel

Die Tabelle C.1 stellt einen Auszug aus der ISO 4217 „Codes für Währungen und Zahlungsmittel" dar.

Die ersten zwei Buchstaben des Währungscodes stellen einen Code dar, der ausschließlich für die Währungsbehörde gilt, der er zugeordnet wird. Wann immer möglich, wird dieser Code aus dem geographischen Standort der Währungsbehörde, siehe Tabelle B.1, abgeleitet.

Bei dem dritten Buchstaben des alphabetischen Codes handelt es sich um ein – vorzugsweise mnemonisches – Zeichen, das aus dem Namen der Hauptwährungseinheit oder des Zahlungsmittels abgeleitet wird.

Tabelle C.1

Einheit (Kurzbezeichnung)	Währung	Code
ALBANIEN	Lek	ALL
AUSTRALIEN	Australischer Dollar	AUD
BOSNIEN und HERZEGOWINA	Euro	EUR
BULGARIEN	Bulgarischer Lew	BGL
DÄNEMARK	Dänische Krone	DKK
ESTLAND	Estnische Krone	EEK
BELGIEN, DEUTSCHLAND, FINN-LAND, FRANKREICH, GRIECHEN-LAND, ITALIEN, IRLAND, LUXEM-BURG, NIEDERLANDE, ÖSTER-REICH, PORTUGAL, SPANIEN	Euro	EUR
GIBRALTAR	Gibraltar-Pfund	GIP
GRÖNLAND	Dänische Krone	DKK
Internationaler Währungsfond (I. M. F.)	SDR	XDR
ISLAND	Isländische Krone	ISK
JAPAN	Yen	JPY
KANADA	Kanadischer Dollar	CAD
KROATIEN	Kroatischer Kuna	HRK
LETTLAND	Lettischer Lats	LVL
LIECHTENSTEIN	Schweizer Franken	CHF
LITAUEN	Litauischer Litas	LTL
MALTA	Maltesische Lira	MTL
MAZEDONIEN	Dinar	MKD
MOLDAU, REPUBLIK	Moldau Leu	MDL
NORWEGEN	Norwegische Krone	NOK

Tabelle C.1 (*fortgesetzt*)

Einheit (Kurzbezeichnung)	Währung	Code
POLEN	Zloty	PLN
RUMÄNIEN	Leu	ROL
RUSSISCHE FÖDERATION	Russischer Rubel	RUB
SCHWEDEN	Schwedische Krone	SEK
SCHWEIZ	Schweizer Franken	CHF
SERBIEN UND MONTENEGRO *	Serbischer Dinar	CSD
SLOWAKEI	Slowakische Krone	SKK
SLOWENIEN	Tolar	SIT
TSCHECHISCHE REPUBLIK	Tschechische Krone	CZK
TÜRKEI	Türkische Lira (neu)	TRY
UKRAINE	Hryvnia	UAH
UNGARN	Forint	HUF
VEREINIGTE STAATEN	US-Dollar (gleicher Tag) (nächster Tag)	USD USS USN
VEREINIGTES KÖNIGREICH	Pfund Sterling	GBP
ZYPERN	Zypern-Pfund	CYP
* In Montenegro ist seit 1. April 2002 der Euro alleiniges gesetzliches Zahlungsmittel.		

Mit der Einführung des Euro in den EU-Mitgliedstaaten Belgien, Deutschland, Finnland, Frankreich, Griechenland, Irland, Italien, Luxemburg, Niederlande, Österreich, Portugal und Spanien wurden die in diesen Ländern bislang verwendeten Währungen durch eine einheitliche europäische Währung ersetzt. Die unveränderlichen Kurse der Euro-Teilnehmerländer sind in Tabelle C.2 angeführt.

Tabelle C.2

Einheit (Kurzbezeichnung)	Code	Währung	Kurs
Belgien	BEF	Belgischer Franc	40,3399
Deutschland	DEM	Deutsche Mark	1,95583
Finnland	FIM	Finnmark	5,94573
Frankreich	FRF	Französischer Franc	6,55957
Griechenland	GRD	Drachme	340,75
Italien	ITL	Italienische Lira	1936,27
Irland	IEP	Irisches Pfund	0,787564
Luxemburg	LUF	Luxemburgischer Franc	40,3399
Niederlande	NLG	Holländischer Gulden	2,20371
Österreich	ATS	Schilling	13,7603
Portugal	PTE	Escudo	200,482
Spanien	ESP	Peseta	166,386

Anhang D: Darstellung von Datum und Tageszeit (Uhrzeit)

Der vorliegende Anhang ist ein stark gekürzter Auszug aus DIN EN 28601, erweitert um die alphanumerische Darstellung des Datums.

D.1 Numerische und alphanumerische Darstellung

Einzelne Datums- und/oder Zeitangaben in deutschsprachigen fortlaufenden Texten sollten in Übereinstimmung mit der üblichen Sprechweise alphanumerisch dargestellt werden, d. h. unter Ausschreibung oder allenfalls Abkürzung der Monatsnamen bzw. Anfügung des Wortes „Uhr". Dies gilt insbesondere im inländischen Verkehr sowie im bürgernahen Schriftverkehr.

Die numerische Darstellung (ohne Verwendung von Wörtern) sollte insbesondere angewandt werden:

a) in Schriftstücken, die für das fremdsprachige Ausland bestimmt sind,

b) in Statistiken und tabellarischen Aufstellungen,

c) bei Platzmangel,

d) wenn der Zahlenwert einer Datums- und/oder Zeitangabe im Vordergrund steht oder mit solchen Angaben gerechnet werden soll,

e) im Rahmen des Datenaustausches,

f) für die automatisationsunterstützte Weiterverarbeitung von Datums- und/oder Zeitangaben.

Rein numerisch dargestellte Datums- und/oder Zeitangaben, die in einen deutschsprachigen fortlaufenden Text eingebunden sind, können ausgesprochen werden, als ob sie alphanumerisch dargestellt wären.

D.2 Numerische Darstellung

D.2.1 Grundlagen

D.2.1.1 Verfahren

Gemäß DIN EN 28601 wird ein Zeitpunkt des gregorianischen Kalenders, d. h. ein Datum und/oder eine Tageszeit, durch eine einzige Zeichenfolge dargestellt. Diese Zeichenfolge besteht aus Elementen, die **in absteigender Ordnung** aufeinander folgen, d. h., dass die durch die Elemente dargestellten Zeitspannen immer kürzer werden.

D.2.1.1.1 Elemente zur Darstellung eines Zeitpunktes

Jedes Element besteht aus einer bestimmten Anzahl von arabischen Ziffern. Diese Anzahl ist verbindlich und allenfalls durch Vorsetzen einer oder mehrerer Nullen herzustellen.

D.2.1.1.1.1 Elemente des Datums

Name des Elementes		Anzahl der Ziffern	Wertebereich	Anmerkung, Beispiele
	Jahr	4	–	1985, 0976, 0083
Monat im Jahr:	Monat	2	01 bis 12	–
Woche im Jahr:	Woche	2	01 bis 53	(siehe D.2.2.3)
Tag im Jahr:	Ordinaltag	3	001 bis 366	366 nur in Schaltjahren
Tag im Monat:	Monatstag	2	01 bis 31	unterschiedlich je nach Monat
Tag in der Woche:	Wochentag	1	1 bis 7	–

Die Wochentage werden von Montag bis Sonntag mit eins bis sieben durchnummeriert.

D.2.1.1.1.2 Elemente der Tageszeit (Uhrzeit)

Name des Elements	Anzahl der Ziffern	Wertebereich	Anmerkung, Beispiele
Stunde	2	00 bis 24	auch
Minute	2	00 bis 59	Dezimalbruch
Sekunde	2	00 bis 59	möglich

D.2.1.1.2 Formate (Schreibweise)

1. Basisformat: Die Elemente folgen ohne jede Trennung unmittelbar aufeinander.

2. Erweitertes Format: Zwischen die Elemente werden Trennzeichen gesetzt, und zwar

    – Mittestriche (-) zwischen die Elemente des Datums,

    – Doppelpunkte (:) zwischen die Elemente der Tageszeit.

Leerzeichen oder sonstige (z. B. typographische) Zwischenräume sind als Trennzeichen unzulässig.

ANMERKUNG   Dem erweiterten Format sollte der Vorzug gegeben werden.

D.2.2 Datum

Den folgenden Beispielen liegt einheitlich das Datum Freitag, 12. April 1985 zu Grunde.

D.2.2.1 Kalenderdatum

Das Kalenderdatum in numerischer Darstellung besteht aus den Elementen „Jahr", „Monat" und „Monatstag" in dieser Reihenfolge.

Beispiel:	Basisformat	Erweitertes Format
	19850412	1985-04-12

D.2.2.2 Ordinaldatum

Das Ordinaldatum besteht aus den Elementen „Jahr" und „Ordinaltag" („laufender Tag"). Die Ordinaltage innerhalb eines Kalenderjahres werden fortlaufend nummeriert, wobei der 1. Januar mit 001 bezeichnet wird.

D.2.2.3 Datum mit Wochennummer

Das Datum mit Wochennummer besteht aus den Elementen „Jahr", „Woche" und „Wochentag". Dem Element „Woche" ist als Kennung der Großbuchstabe W ohne Zwischenraum vorzusetzen. Innerhalb eines Kalenderjahres werden die Wochen fortlaufend nummeriert.

Beispiel:	Basisformat	Erweitertes Format
	1985W155	1985-W15-5

Die erste Woche des Jahres besteht aus mindestens vier Tagen. Sie ist jene Woche, die sowohl den ersten Donnerstag des Jahres als auch den 4. Januar enthält.

Beispiel: Fällt der 1. Januar auf einen Freitag, dann beginnt die Woche 01 des neuen Jahres am Montag, dem 4. Januar, während der 1. bis 3. Januar noch zur letzten Woche des abgelaufenen Jahres (das ist dessen Woche 52 oder 53) gehören.

D.2.3 Tageszeit (Uhrzeit)

Den folgenden Beispielen liegt einheitlich die Tageszeit 23 Uhr 20 Minuten und 50,5 Sekunden zu Grunde.

D.2.3.1 Ortszeit (Zonenzeit)

Die Tageszeit wird mit den Elementen „Stunde", „Minute" und „Sekunde" dargestellt.

Der Darstellung der Tageszeit ist als Kennung der Großbuchstabe T ohne Zwischenraum vorzusetzen, wenn sie mit einer Datumsdarstellung kombiniert ist (siehe auch D.2.4).

Sekunden können auch als Dezimalbruch der Minuten sowie Minuten und Sekunden gemeinsam auch als Dezimalbruch der Stunden dargestellt werden. Als Dezimalzeichen ist der Beistrich (,) zu verwenden.

Beispiele:	Basisformat	Erweitertes Format
	T232050,5	23:20:50,5
	T2320,9	23:20,9
	T23,3	nicht anwendbar

In allen Fällen, in denen der Verwendungszweck keine andere Darstellungsform erfordert, sollte die Darstellung der Tageszeit mit den Elementen „Stunde" und „Minute" ohne Verwendung von Dezimalbrüchen erfolgen (siehe auch D.2.5), und zwar auch bei vollen Stunden.

Beispiele:	Basisformat	Erweitertes Format
	T2320	23:20
	T2300	23:00

Mitternacht ist als 00:00 (Beginnzeitpunkt) oder 24:00 (Endzeitpunkt) darzustellen. Bei Kombination mit einem Datum (siehe D.2.4) ist zu beachten, dass die Zeitangabe 24:00 eines bestimmten Tages gleichbedeutend ist mit der Angabe 00:00 des nächstfolgenden Tages.

ANMERKUNG   DIN EN 28601 sieht die Möglichkeit vor, die Kennung T unter bestimmten Voraussetzungen auch beim Basisformat wegzulassen. Wegen der Verwechslungsgefahr mit einer Datumsangabe – beispielsweise könnte die Zeichenfolge „1938" sowohl eine Jahreszahl darstellen als auch die Tageszeit 38 Minuten nach 19 Uhr – wird jedoch davon abgeraten, von dieser Vereinfachungsmöglichkeit Gebrauch zu machen.

D.2.3.2 Koordinierte Weltzeit (UTC)

Die Darstellung der Tageszeit in der auf den 0. Längengrad bezogenen koordinierten Weltzeit (UTC) hat gemäß D.2.3.1 zu erfolgen, wobei jedoch der jeweils letzten Ziffer der Darstellung der Großbuchstabe Z ohne Zwischenraum anzufügen ist.

Beispiele:	Basisformat	Erweitertes Format
	T232050,5Z	23:20:50,5Z
	T2320Z	23:20Z

ANMERKUNG   DIN EN 28601 regelt darüber hinaus auch die Darstellung von Zeitdifferenzen zwischen Ortszeit (Zonenzeit) und UTC.

D.2.4 Kombination von Datum und Tageszeit

Jeder beliebige Zeitpunkt kann durch die Kombination von Datums- und Tageszeitangabe mit beliebiger Genauigkeit mit einer einzigen zusammenhängenden Zeichenfolge dargestellt werden. Dabei wird die Darstellung der Tageszeit nach D.2.3 ohne Zwischenraum an eine beliebige der drei Darstellungsarten des Datums nach D.2.2 angefügt. Der den Beginn der Tageszeit kennzeichnende Großbuchstabe T ist in diesem Fall zwingend erforderlich.

Beispiel:	Basisformat	Erweitertes Format
	19850412T232050,5	1985-04-12T23:20:50,5

D.2.5   Gekürzte Darstellungen

Die Darstellung eines Zeitpunktes kann in Anpassung an die jeweils erforderliche Genauigkeit durch Weglassen der nicht benötigten Elemente mit geringerem Stellenwert und/oder der Dezimalbrüche gekürzt werden. Eine Zeitangabe kann auch auf die Tageszeit allein beschränkt werden.

Beispiele	Basisformat	Erweitertes Format
1) mit Kalenderdatum	19850412T232050	1985-04-12T23:20:50
	19850412T2320	1985-04-12T23:20
	19850412T23	1985-04-12T23
	19850412	1985-04-12
	198504	1985-04
	1985	nicht anwendbar
2) mit Ordinaldatum	1985102T232050	1985-102T23:20:50
	1985102T2320	1985-102T23:20
	1985102T23	1985-102T23
	1985102	1985-102
3) mit Wochennummer	1985W155T232050	1985-W15-5T23:20:50
	1985W155T2320	1985-W15-5T23:20
	1985W155T23	1985-W15-5T23
	1985W155	1985-W15-5
	1985W15	1985-W15
4) nur Tageszeit	T232050	23:20:50
	T2320	23:20
	T23	nicht anwendbar

ANMERKUNG   DIN EN 28601 regelt darüber hinaus auch die Möglichkeit, in bestimmten Anwendungsfällen nicht benötigte Elemente oder Elementteile mit höherem Stellenwert wegzulassen. Um Missverständnisse zu vermeiden, wird jedoch empfohlen, die Jahreszahl **immer** vierstellig anzugeben.

D.3 Alphanumerische Darstellung

D.3.1 Kalenderdatum

Das Kalenderdatum in alphanumerischer Darstellung besteht aus den Elementen „Kalendertag", „Monatsname" und „Jahreszahl" in dieser Reihenfolge.

D.3.1.1 Elemente

D.3.1.1.1 Kalendertag

Der Kalendertag wird in arabischen Ziffern durch die Ordnungszahlen 1. bis 31. dargestellt.

D.3.1.1.2 Monatsname

Der Monatsname kann ausgeschrieben (Langform) oder wie folgt auf vier Stellen (Kurzform) einschließlich Abkürzungspunkt – wo sinnvoll – abgekürzt werden.

Langform		Kurzform	
Januar	Juli	Jan.	Jul./Juli
Februar	August	Feb.	Aug.
März	September	Mär./März	Sep.
April	Oktober	Apr.	Okt.
Mai	November	Mai	Nov.
Juni	Dezember	Jun./Juni	Dez.

D.3.1.1.3 Jahreszahl

Die Jahreszahl ist einschließlich Jahrtausend und Jahrhundert anzugeben.

D.3.1.2 Wochentag

Dem Datum kann der Name des Wochentages vorangehen.

D.3.1.3 Beispiele

Kalenderdatum	
– in Langform:	12. April 1985
– in Kurzform:	12. Apr. 1985
– mit Wochentag:	Freitag, 12. April 1985

D.3.2 Tageszeit (Uhrzeit)

Die Tageszeit (Uhrzeit) besteht aus den Elementen „Stunde", „Minute" und „Sekunde" in dieser Reihenfolge.

Diese Elemente sind durch Doppelpunkte zu trennen, und das Wort „Uhr" wird mit einem Zwischenraum angefügt.

Die Ausführungen in D.2.3.1 gelten sinngemäß.

Beispiele:	23:20:50 Uhr
	23:20 Uhr
	23:00 Uhr

Anhang E: Stichwortverzeichnis